双色图解
车工一本通

主　编　王　兵
副主编　丁　轶　汪　东
参　编　张赫南　钟志刚　王春玉　曾　艳　杨　东
审　稿　黄加明　邱言龙

机械工业出版社

本书主要介绍了车工的基础知识和操作技能，主要内容包括：车工的基础知识、轴类工件的车削、套类工件的车削、圆锥体工件与成形面的车削、螺纹的车削。

本书采用双色印刷，以图表化为主要表现形式，通过大量的实景操作图、立体图和线条图，将操作步骤清晰化、简单化，并将操作技巧和经验贯穿其中。

本书可供广大车工使用，也可供职业院校和技工学校机械专业师生参考。

图书在版编目（CIP）数据

双色图解车工一本通/王兵主编. —北京：机械工业出版社，2014.6
（机械工人新手易学一本通）
ISBN 978-7-111-46891-2

Ⅰ.①双… Ⅱ.①王… Ⅲ.①车削—图解 Ⅳ.①TG51-64

中国版本图书馆 CIP 数据核字（2014）第 115849 号

机械工业出版社（北京市百万庄大街 22 号　邮政编码 100037）
策划编辑：赵磊磊　宋亚东　责任编辑：赵磊磊　宋亚东
版式设计：赵颖喆　　　　　责任校对：佟瑞鑫
封面设计：张　静　　　　　责任印制：乔　宇
保定市中画美凯印刷有限公司印刷
2014 年 9 月第 1 版第 1 次印刷
169mm×239mm·11.5 印张·214 千字
0 001—3 000 册
标准书号：ISBN 978-7-111-46891-2
定价：29.80 元

前　言

随着现代制造业的高速发展，机械产品在朝着精密化方向发展。但在实际生产中，绝大多数的机械零件仍需通过切削加工的方式达到规定的几何精度，特别是车削加工在金属切削加工领域所占比例较大，从事车削加工的从业人员较多。为了满足广大车工学习的需要，提高理论知识和技能操作水平，我们特编写了本书。

本书在编写过程中，以介绍车工的操作技能为重点，详细介绍了轴类和套类工件的车削、圆锥工件与成形面的车削、螺纹的车削等。本书的主要特点如下：

1) 以图表化为主要表现形式，详细介绍操作技能。通过大量的实景操作图、立体图和线条图，将操作步骤清晰化、简单化，使读者可以读图学习理论知识和操作技能。

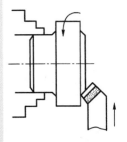

2) 每章均附有练习，内容涉及相应的理论知识和操作技能，便于读者巩固和复习。

3) 作者将多年积累的工作经验和技巧进行了提炼和总结，用小栏目的形式表示出来；对重点和难点内容用粉红色表示，对易错点采用正误对比的形式，方便读者掌握技巧或禁忌。

本书由王兵任主编，丁轶、汪东任副主编，参加编写的有张赫南、钟志刚、王春玉、曾艳、杨东，全书由黄加明和邱言龙审稿。

由于编者水平有限，书中不足之处在所难免，恳请广大读者批评指正。

编　者

Contents

目　录

目　　录

Contents

Contents

目　录

第1章 车工的基础知识

零件的加工制造一般离不开金属切削加工，而车削是最重要的金属切削加工方法之一。它是机械制造业中最基本、最常用的加工方法。车削就是在车床上利用工件的旋转运动和刀具的直线（或曲线）运动来改变毛坯的形状和尺寸，使之成为合格产品的一种金属切削方法。目前在机械制造业中，车床的配置几乎占到了50%。

1.1 安全文明生产

1.1.1 职业守则与技能要求

1. 职业守则

1）遵守法律、法规和行业与公司等有关的规定。

2）爱岗敬业，具备高尚的人格与高度的社会责任感。

3）工作认真负责，具有团队合作精神。

4）着装整洁，工作规范，符合规定。

5）严格执行工作程序，安全文明生产。

6）爱护设备，保持工作环境的清洁。

7）爱护工、量、夹、刀具。

2. 技能要求

1）要详细了解使用设备的组成构造、结构特点、传动系统、润滑部位等。

2）要能看懂零件生产加工图样，并能分析零部件之间的相互关系。

3）要能熟练地操作、维护、保养设备，并能做到排除一般故障。

4）掌握基本的技术测量知识与技能，能正确使用设备附件、刀具、夹具和各种工具，并了解它们的构造和保养方法。

5）掌握机械加工中各种零件的各项计算，能对零件进行简单的工艺和质量分析。

6）掌握如何节约生产成本，提高生产率，保证产品质量。

1.1.2 安全文明生产与全面安全管理

1. 安全生产的意义

1）安全生产是国家的一项重要政策。生产过程中存在各种不安全的因素，如不及时预防和消除，就会有发生一些事故和患职业病的危险。

2）安全生产是现代化建设的重要条件。只有不断地改善劳动生产条件，构建一个安全、文明、舒适的环境和强健的管理体系，才能促进生产力的发展，促进经济和社会的发展与和谐，激发生产技术操作人员的劳动热情与生产积极性。

2. 做好安全生产管理工作

1）抓好安全生产教育，贯彻预防为主的方针政策。

2）建立和健全安全生产规章制度。

3）不断改善劳动条件，积极采取安全技术措施。

4）认真贯彻"五同时"（在计划、布置、检查、总结、评比生产的同时进行计划、布置、检查、总结、评比安全工作），做好"三不放过"（事故原因不放过、措施不到位不放过、责任不追究不放过）。

3. 实现全面安全管理

全面安全管理是指对安全生产实行全过程、全员参加和全部工作的安全管理（简称 TSC）。

1）从计划设计开始，经过基础建设到更新、报废的全过程，都要进行安全管理和控制。

2）实行全员参与，安全人人有责。

3）全部工作的安全管理是指对生产过程的每一项工艺都要进行全面的分析、评价和采取相应的措施等。实现"高高兴兴上班来，平平安安回家去"的目标。

4. 劳动保护

劳动保护是指采用立法和技术、管理措施保护劳动者在生产过程中的安全与健康。

（1）劳动保护的意义　劳动保护是社会主义制度下一件关系到劳动者切身利益的大事，是社会主义企业为保护职工健康采取的重要举措。

1）它是实现安全生产、保障生产顺利进行的重要保证。

2）它有利于调动劳动者的生产积极性和创造性。

3）它有利于促进社会的稳定与和谐发展。

4）它有利于提高劳动生产率，降低生产成本。

（2）劳动保护的工作任务　劳动保护的工作任务是：

1）积极采取各种综合性的安全技术措施，控制和消除生产过程中容易造成职工伤害的各种不安全因素，保证安全生产。

2）合理确定工作时间和休息时间，严格控制加班加点，实现劳逸结合，保证劳动者有适当的工余休息时间，从而能够保持充沛的精力，实现安全稳定生产。

3）根据妇女的生理特征情况，对女职工实行特殊的劳动保护。

5. 安全文明生产要求

（1）安全生产注意事项

1）工作时应穿工作服，女同学的头发应盘起或戴工作帽将长发塞入帽中。

2）严禁穿裙子、背心、短裤和拖（凉）鞋进入实习场地。

3）工作时必须集中精力，注意手、身体和衣服不能靠近正在旋转的机件，如工件、带轮、传动带、齿轮等。

4）工件和车刀必须装夹牢固，否则会飞出伤人。

5）装好工件后，卡盘扳手必须随即从卡盘上取下来。

6）凡装卸工件、更换刀具、测量加工表面及变换速度时，必须先停车。

7）车床运转时，不能用手去摸工件表面，尤其是加工螺纹时，更不能用手摸螺纹面，且严禁用棉纱擦抹转动的工件。

8）不能用手直接去清除切屑，要用专用的铁钩来清理。

9）不允许戴手套操作车床。

10）不准用手去制动转动的卡盘。

11）不能随意拆装车床电气设备。

12）工作中发现车床、电气设备有故障，应及时申报，由专业人员来维修，切不可在未修复的情况下使用。

（2）文明生产的要求

1）开车前要检查车床各部分是否完好，各手柄是否灵活、位置是否正确。检查各注油孔，并进行润滑。然后低速空运转 2～3min，待车床运转正常后才能工作。

2）主轴变速必须先停车，变换进给箱外的手柄，要在低速的条件下进行。为了保持丝杠的精度，除了车削螺纹外，不得使用丝杠进行机动进给。

3）刀具、量具及其他使用工具要放置稳妥，便于操作时取用。用完后应放回原处。

4）要正确使用和爱护量具，经常保持清洁，用后擦净、涂油、放入盒中，并及时归还工具室。

5）床面不允许放置工件或工具，更不允许敲击床身导轨。

6）图样、工艺卡片应放置在便于自己阅读的位置，并注意保持其清洁和完整。

7）使用切削液之前，应在导轨上涂润滑油；车削铸铁或气割下料件时应先擦去导轨上的润滑油。

8）工作场地周围应保持清洁整齐，避免堆放杂物，防止绊倒。

9）工作完毕，将所用物件擦净归位，清理车床、刷去切屑，擦净车床各部分的油污，按规定加注润滑油，将拖板摇至规定的地方（对于短车床应将拖板摇至尾座一端,对于长车床应将拖板摇至车床导轨的中央),各转动手柄放置空挡位置,关闭电源后把车床周围的卫生打扫干净。

1.2 认识车床

1.2.1 车削加工的内容

车削加工的范围很广。如果在车床上装一些附件和夹具,还可以进行镗削、磨削、研磨和抛光等工作。

▼ 车削加工的内容

内容	说明	图　示
车外圆	按要求将大直径圆柱体车成小圆柱体的方法 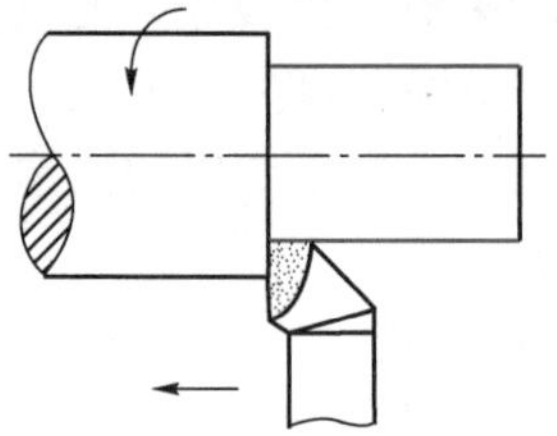 	
车端面	按要求将工件稍微车短的方法 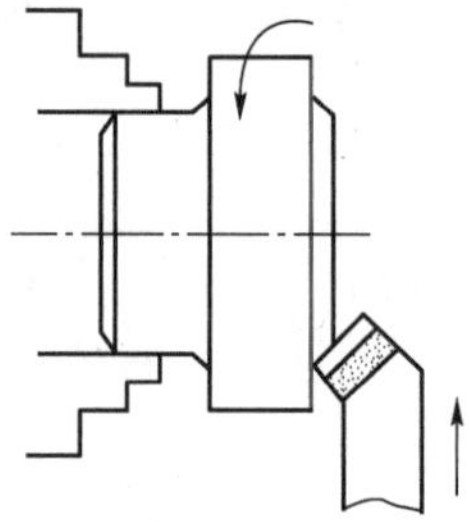 	
切断和车槽	按要求在工件外表面、端面或内表面上车出凹形面的方法称车槽 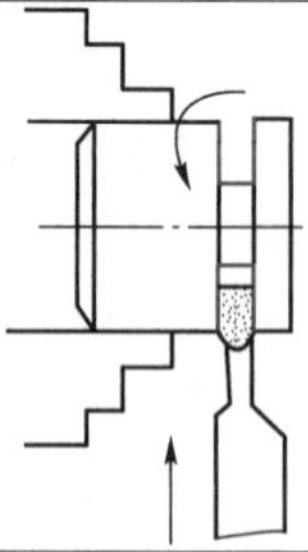 	
钻中心孔	用中心钻在工件端面上钻孔的方法 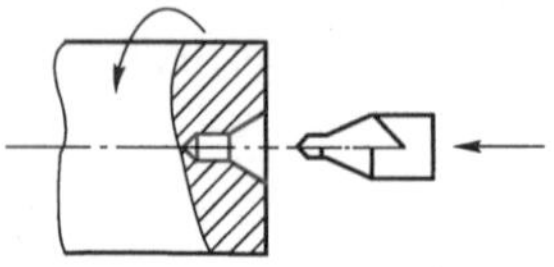 	

（续）

内容	说明	图 示
钻孔	用钻头在实体工件上加工孔的方法 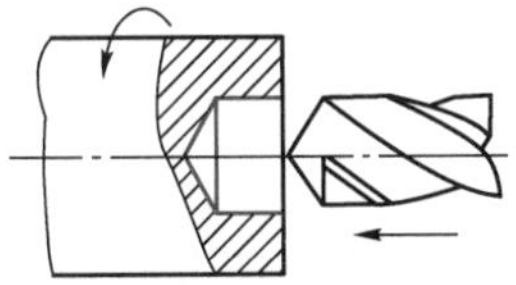 	
车孔	按要求将工件孔径扩大的方法 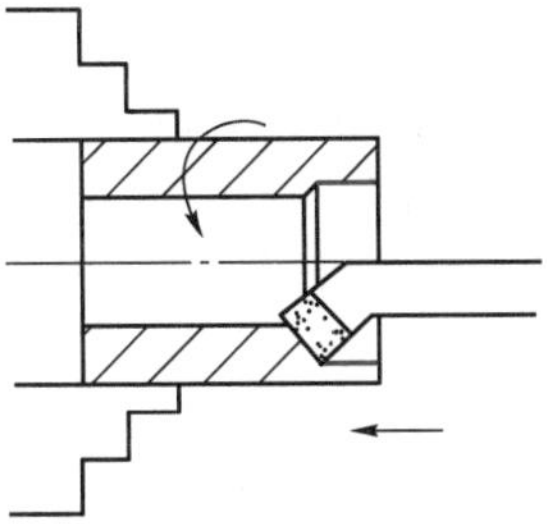 	
车圆锥	按要求将圆柱体工件加工成一端大、一端小的加工方法 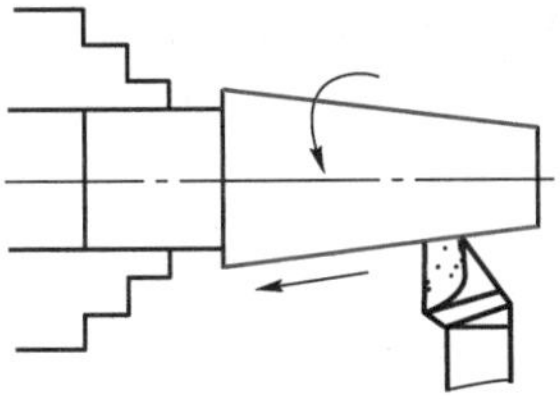 	
车成形面	用双手控制法（或采用成形与辅助工具）按要求将圆柱体工件加工成曲线体工件的方法 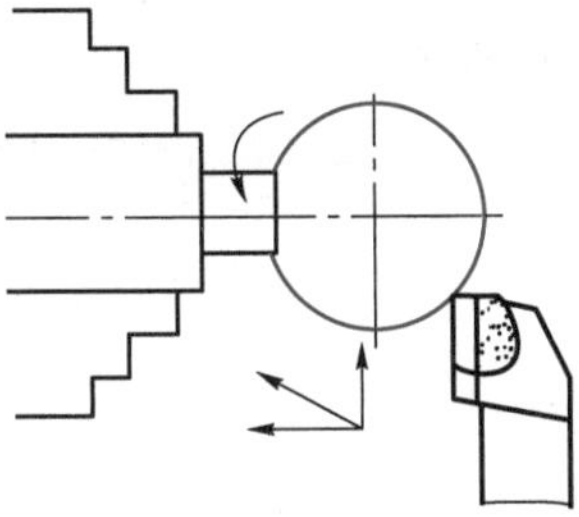 	
车螺纹	用螺纹车刀按要求在工件表面车出一条（或多条）螺旋线的方法 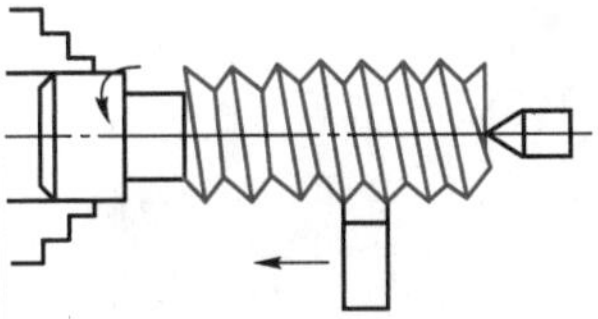 	

1.2.2 常用车床

1. 车床的种类

按结构和用途不同，车床可分为很多种，常见的有卧式车床，立式车床，转塔车床，仿形及多刀车床，单轴自动车床，多轴自动、半自动车床，以及各种专用车床等。

▼ 常用车床的种类

种类名称	外形结构	功能说明
卧式车床		使用最多，主要用于单件、小批量的轴类、盘类工件的生产加工
仪表车床		仪表车床结构相对简单，只有一个电动机和一个床体，适用于加工一些小而不十分精密的零件
立式车床	 a) 单柱式 　　　　　b) 双柱式	立式车床分为单柱式和双柱式。其主轴垂直分布，有一个水平布置的直径很大的圆形工作台，适用于加工径向尺寸大而轴向尺寸相对较小的大型和重型工件
转塔车床		转塔车床没有尾座、丝杠，但有一个可绕垂直轴线转位的六角转位刀架，可装夹多把刀具，通常刀架只能作纵向进给运动

（续）

种类名称	外形结构	功能说明
回轮车床		回轮车床也没有尾座，但有一个可绕水平轴线转位的圆盘形回轮刀架，可沿床身导轨作纵向进给和绕自身轴线缓慢回转并作横向进给
自动车床		自动车床能自动完成一定的切削加工循环，并可自动重复这种循环，减轻了劳动强度，提高了加工精度和生产率，适于加工大批量、形状复杂的工件
仿形车床		仿形车床是通过仿形刀架按样板或样件表面作纵、横向随动运动，使车刀自动复制出相应形状的被加工零件。适用于加工大批量生产的圆柱形、圆锥形、阶梯形及其他成形旋转曲面的轴、盘、套、环类工件
专用车床		专用车床是为某一类（种）零件加工需要所设计制造或改装而成的机床，零件的加工具有单一（专用）性，如左图的泵、阀加工专用车床

2. 车床的型号

车床的型号不仅是一个代号，而且能表示出机床的名称、主要技术参数、性能和结构特点。根据 GB/T 15375—2008《金属切削机床型号编制方法》，它由汉语拼音字母及阿拉伯数字组成。

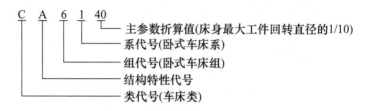

▲ CA6140 型车床型号各代号的含义

（1）理解"C" "CA6140"中的"C"为机床类代号。类代号是以机床名称第一个字的汉语拼音的第一个字母的大写来表示的。如"C"代表车（Che）床，"Z"代表钻（Zuan）床等。

（2）理解"A" "CA6140"中的"A"为机床的结构特性代号，它属于机床特性代号。机床特性代号还包括通用特性代号。通用特性代号和结构特性代号都是用大写的汉语拼音字母来表示。

（3）理解"6"和"1" "CA6140"中的"6"和"1"分别为机床的组、系代号。机床的组、系代号用数字表示，每类机床按用途、性能、结构或有派生关系分为若干组。每类机床分为 10 个组，每组分为 10 个系。

（4）理解"40" "CA6140"中的"40"为机床的主要参数代号。它分为主参数和第二主参数。

3. 车床的组成

本书以 CA6140 型卧式车床为对象，介绍该车床主要组成部分的名称和作用。

（1）CA6140 型卧式车床的主要技术规格

▼ CA6140 型卧式车床的主要技术规格

技术规格名称	数值
床身上工件最大回转直径	400mm
中滑板上工件最大回转直径	210mm
最大工件长度（4 种）	750mm、1000mm、1500mm、2000mm
最大纵向行程	650mm、900mm、1400mm、1900mm

（续）

技术规格名称		数值
中心高（主轴中心到床身平面导轨距离）		205mm
主轴转速	正转（24 级）	10 ~ 1400r/min
	反转（12 级）	14 ~ 1580r/min
车削螺纹范围	米制螺纹（44 种）	1 ~ 192mm
	寸制螺纹（20 种）	2 ~ 24 牙/in[①]
	米制蜗杆（39 种）	0.25 ~ 48mm
	英制蜗杆（37 种）	1 ~ 96 牙/in
机动进给量	纵向进给量（64 种）	0.028 ~ 6.33mm/r
	横向进给量（64 种）	0.014 ~ 3.16mm/r
床鞍纵向快速移动速度		4m/min
中滑板横向快速移动速度		2m/min
主电动机功率、转速		7.5kW，1450r/min
快速移动电动机功率、转速		0.25kW，2800r/min
机床工作精度	精车外圆的圆度误差	0.01mm
	精车外圆的圆柱度误差	0.01mm/100mm
	精车端面平面度误差	0.02mm/400mm
	精车螺纹的螺距误差	0.04mm/100mm，0.06mm/300mm
	精车表面粗糙度值	Ra0.8 ~ 1.6μm

① 1in = 25.4mm。

（2）CA6140 型卧式车床的组成　CA6140 型卧式车床由床身、主轴箱、交换齿轮箱、进给箱、溜板箱、刀架、尾座及卡盘等部分组成。

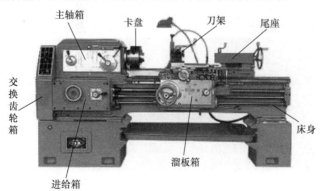

▲ CA6140 型卧式车床的组成

（3）CA6140 型卧式车床的主要组成部分

▼ **CA6140 型卧式车床的主要组成部分**

主要组成部分	图解	特性说明
主轴箱	 螺纹旋向变换手柄 变速手柄　自定心卡盘	1）箱内有多组齿轮变速机构，以实现机械的啮合传动 2）主轴变速手柄共有 24 级，可以得到不同的转速 3）螺纹旋向变换手柄有 4 个挡位，用于变速、变向和加大螺距 4）自定心卡盘用来装夹工件，并带动工件一起旋转
交换齿轮箱		1）将主轴箱的运动传递给进给箱 2）更换箱内交换齿轮，配合进给箱可得到车削各种螺距螺纹的进给运动 3）满足车削时对不同纵向、横向的进给需求
进给箱	 进给调配表(铭牌) 螺纹种类手柄　进给基本组操作手柄　进给倍增组操作手柄	1）将交换齿轮箱运动传递给丝杠，以实现螺纹的车削 2）将交换齿轮箱运动传递给光杠，实现机动进给 3）根据需要按进给调配表调整各手柄的正确位置，从而得到各种不同的进给速度

（续）

主要组成部分	图解	特性说明
溜板部分	刀架　小滑板　自动进给手柄　中滑板　大手轮　溜板箱　开合螺母	1）接受光杠或丝杠的运动，并驱动床鞍、中滑板和小滑板以及刀架实现车刀的纵向或横向进给运动 2）溜板箱上有手柄与按钮，用以操纵车床，实现机动、手动、车螺纹与快速移动等运动形式
尾座部分	套筒锁紧手柄　尾座锁紧手柄　套筒　转动手柄	1）能沿导轨纵向移动，以调整其工作位置 2）用于安装顶尖，以支撑较长工件 3）可安装刀具（如钻头、铰刀等）进行孔加工
床身导轨	导轨　床身　床脚	1）床身用于连接和支撑车床的各个部件，并保证其工作时准确的相对位置 2）床身上有精度很高的导轨，滑板、尾座可沿其移动

4. CA6140 型卧式车床的传动系统

CA6140 型卧式车床的传动系统中，电动机驱动 V 带轮，通过 V 带把运动输入到主轴箱，再通过变速机构变速，使主轴得到各种不同的转速，再经卡盘带动工件作旋转运动。同时主轴箱把旋转运动输入到交换齿轮箱，再通过进给箱变速后由丝杠或光杠驱动溜板箱、床鞍、滑板、刀架，从而控制车刀运动轨迹来完成各种表面的车削工作。

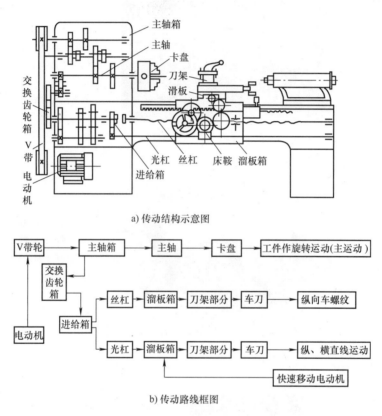

a) 传动结构示意图

b) 传动路线框图

▲ CA6140 型卧式车床的传动系统图

1.3 车床的操作知识

1.3.1 操作准备

1. 穿戴

在操作车床前，应穿好工作服，工作服袖口应扎紧，戴平光镜，女生应戴工作帽，并将头发盘起塞入帽中。

▲ 工作服的穿戴

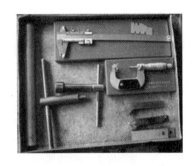

▲ 工、量具等在工具盒内的摆放

操作时不准戴手套或其他手饰。

▲ 操作中的错误习惯

2. 工、量具等的摆放

工、量、夹、刀具等的摆放应整齐，布局应合理，做到随手可取。

3. 操作姿势

操作时，精力要集中，身体稍稍向前弯曲，头向右倾斜，眼睛时刻注意车削加工部位，手和身体远离车床旋转部位。身体不准依靠在车床上。

▲ 操作姿势

1.3.2 车床的操作方法

1. 车床的起动

▼ 车床的起动

操作	说明	操作图示
检查	检查车床各变速手柄是否处于空挡位置，操纵杆是否处于停止状态（中间位置），确认无误后合上车床电源	
通电	按下床鞍上的绿色起动按钮，电动机起动（按下红色的按钮，电动机停止工作）	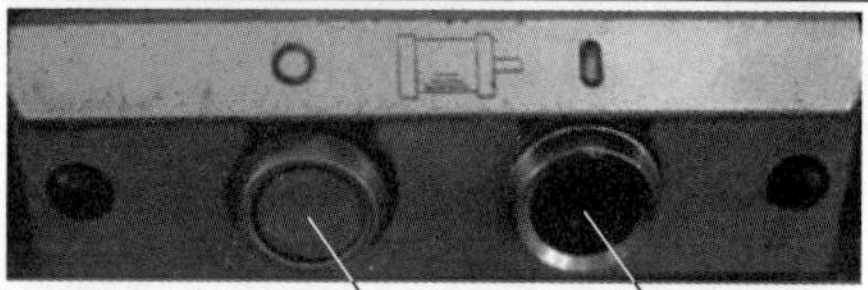 红色：停止　绿色：起动
正转	向上提起溜板箱右侧的操纵杆手柄，主轴正转	
反转	操纵杆手柄向下，主轴反转（操作时切不可连续转换操纵杆向上与向下的位置，以防车床电路部分因瞬间电流过大而发生电气故障）	

2. 主轴箱的变速操作

车床主轴箱通过改变主轴箱正面左侧的两个叠套手柄的位置来控制。前面的手柄有6个挡位，每个挡位有4级转速，由后面的手柄控制，所以主轴共有24

级转速。变速时，先将前面的手柄转至所需的转速处，再将后面的手柄转至对应挡位的颜色处。

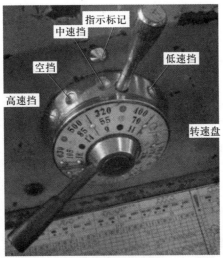

▲ 主轴变速手柄

练一练：　　将转速变换为 800r/min。

▼ 主轴箱的变速操作示例

① 对挡位	② 调转速

▲ 转动后面的手柄，使高速挡与指示标记对齐	▲ 转动前面的手柄，使转速盘上的 800 与指示标记对齐

> **提示:** 当各手柄转不动时，可用手先拨动一下卡盘，再转动各手柄。

3. 进给箱的变速操作

　　CA6140 型卧式车床进给箱正面左侧有一个手轮，它有 8 个挡位，右侧有前后叠装的两个手柄，前面的手柄是丝杠、光杠变换手柄，后面的手柄有Ⅰ、Ⅱ、Ⅲ、Ⅳ 4 个挡位，用来与手轮配合，用以调整螺距或进给量。在实际操作中，选择和调整进给量时应对照车床进给调配表并结合进给变速手轮与丝杠、光杠变换手柄进行。

▲ 进给箱的手轮与手柄

▲ 车床进给调配表（部分）

> **练一练:** 将横向进给量调为 0.047mm/min。

▼ 进给箱的变速操作示例

① 查位置	② 调整螺纹种类手柄
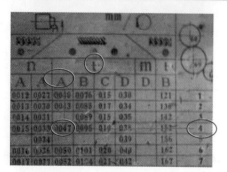	
▲ 根据要求，在车床进给调配表上查找相应位置位置为：t、4、A	▲ 转动螺纹种类手柄至"t"位置

（续）

③ 调整进给基本组手柄	④ 调整进给倍增组手柄

▲ 转动进给基本组手柄至"4"位置	▲ 转动进给倍增组手柄至"A"位置

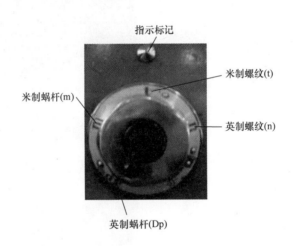

指示标记

米制蜗杆(m)

米制螺纹(t)

英制螺纹(n)

英制蜗杆(Dp)

▲ 螺纹种类手柄说明

4. 溜板部分的操作

（1）床鞍、中滑板、小滑板、刀架的手动操作

▼ 床鞍、中滑板、小滑板、刀架的手动操作

操作内容		操作说明	操作图示
手 动 操 作	床鞍的操作	双手握住床鞍手轮，连续、匀速地左右（纵向）移动床鞍。逆时针方向转动，床鞍向左移动；顺时针方向转动，床鞍向右移动	
	中滑板的操作	双手握住中滑板手柄，沿横向交替连续、匀速地作进刀或退刀操作。顺时针方向转动，中滑板作进刀运动；逆时针方向转动，中滑板作退刀运动	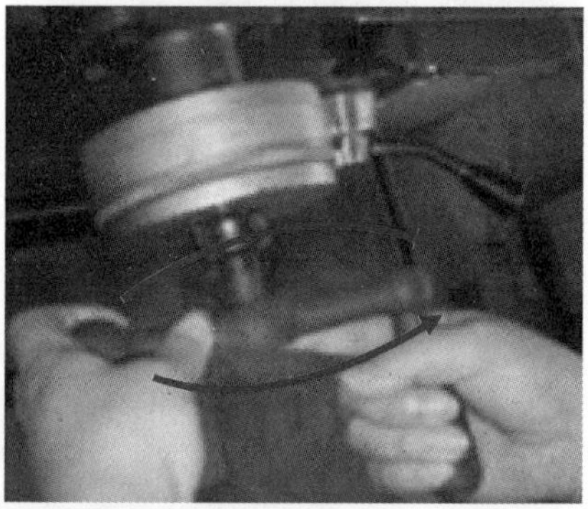
	小滑板的操作	双手握住小滑板手柄，沿纵向交替连续、匀速地作移动操作。顺时针方向转动小滑板手柄，小滑板向左移动；逆时针方向转动小滑板手柄，小滑板向右移动	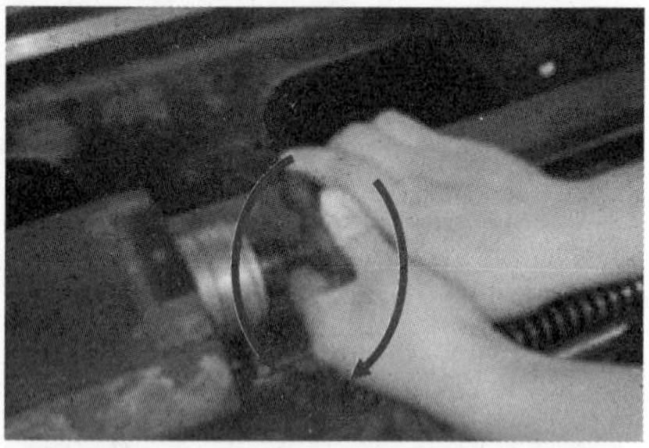
	刀架的操作	逆时针方向转动刀架手柄，刀架可作逆时针方向转动，以调换车刀；顺时针方向转动刀架手柄，刀架则被锁紧	

（2）机动进给的操作

▼ 机动进给操作

操作内容	操作说明	操作图示
机动进给	使螺纹旋向变换手柄处于左侧的"右旋正常螺距"挡位	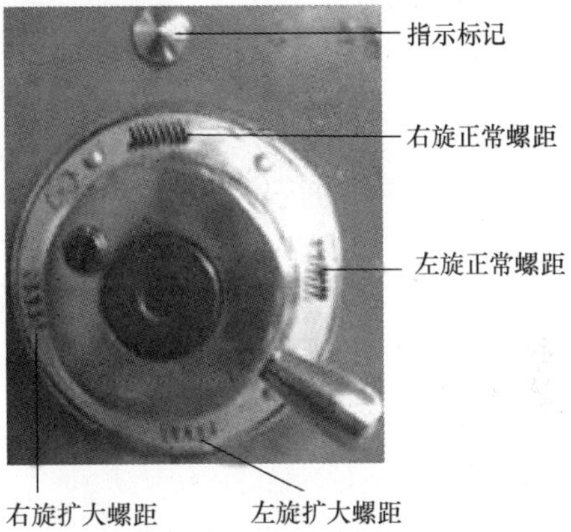 指示标记 右旋正常螺距 左旋正常螺距 右旋扩大螺距　左旋扩大螺距
	根据需要调整进给箱外各手轮、手柄的位置，接通光杠，并起动车床，使之正转	
	自动进给手柄有 5 个方向位置。扳向左、右边位置，床鞍沿纵向作进刀进给和退刀进给；将自动进给手柄扳向里、外位置，中滑板沿横向作进刀和退刀进给；中间是停止位置	 向左进刀 　　　向右退刀  中间位置 　　向里进刀 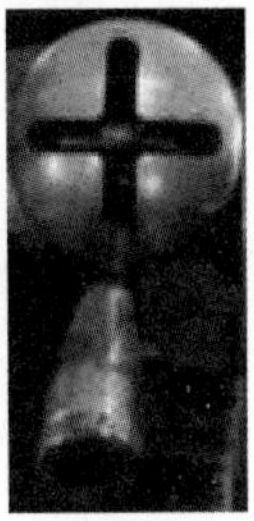　　向外退刀

19

（3）刻度盘的指示

▼ 刻度盘指示

① 床鞍刻度盘	② 中滑板刻度盘	③ 小滑板刻度盘

▲ 床鞍手轮上刻度盘的圆周分为300格，每一格为1mm	▲ 中滑板刻度盘的圆周分为100格，每一格为0.05mm	▲ 小滑板刻度盘的圆周也分为100格，每一格也为0.05mm

 提示：

由于丝杠和螺母间的配合存在间隙，滑板会产生空行程（丝杠带动滑板已转动，而滑板并没立即移动），所以当转过所需刻度后，应将刻度盘反转到适当角度消除间隙后，再慢慢转至所需要刻度，切不可简单地直接退回。

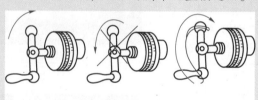

a）摇过刻度　　　b）错误回转　　　c）正确回转

▲ 手柄转过后的纠正方法

（4）开合螺母的操作　向下扳动手柄，开合螺母与丝杠啮合，丝杠拖动溜板箱纵向进给，用来车削螺纹；向上扳动手柄，则丝杠与溜板箱的运动断开，由光杠拖动溜板箱纵向（或横向）进给，用来进行车削加工。

a）开合螺母"开"(向上断开)

b）开合螺母"合"(向下啮合)

▲ 开合螺母的操作

5. 尾座的操作

尾座可沿着床身导轨移动。

▼ 尾座的操作

① 松开、锁紧

▲ 逆时针方向扳动尾座固定手柄，则尾座锁紧

▲ 顺时针方向扳动尾座固定手柄，则尾座松开，尾座可沿床身导轨前后移动

▲ 顺时针方向转动套筒紧固手柄，尾座套筒被锁紧

▲ 逆时针方向转动套筒紧固手柄，尾座套筒松开

② 套筒移动

▲ 顺时针方向摇动手轮，套筒作进给运动

▲ 逆时针方向摇动手轮，套筒作退回运动

（续）

③ 安装刀具

▲ 套筒可用来安装顶尖和其他刀具

1.4 车床的润滑与维护保养

1.4.1 车床的润滑

1. 常用的车床润滑方式

车床润滑采用了多种方式，常用的方式见下表。

▼ 常用的车床润滑方式

润滑方式	图示	说明
浇油润滑		常用于外露的润滑表面，如床身导轨面和滑板导轨面以及光杠、丝杠后轴承的润滑
溅油润滑		常用于密封的箱体中，如车床主轴箱中的传动齿轮将箱底的润滑油溅射到箱体上部的油槽中，然后经槽内油孔流到各个润滑点进行润滑

（续）

润滑方式	图示	说明
油绳导油润滑	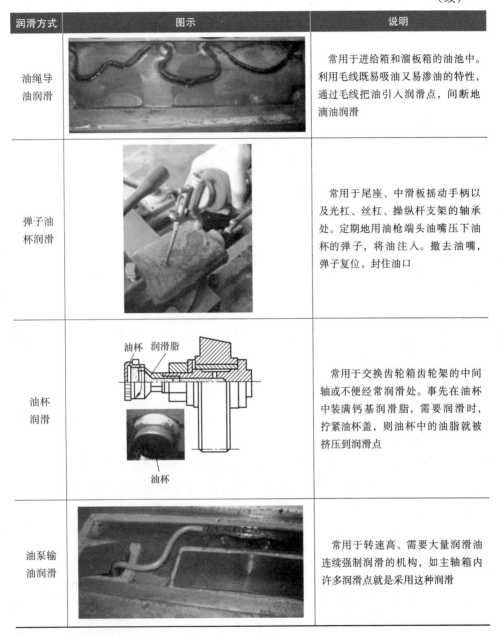	常用于进给箱和溜板箱的油池中。利用毛线既易吸油又易渗油的特性，通过毛线把油引入润滑点，间断地滴油润滑
弹子油杯润滑		常用于尾座、中滑板摇动手柄以及光杠、丝杠、操纵杆支架的轴承处。定期地用油枪端头油嘴压下油杯的弹子，将油注入。撤去油嘴，弹子复位，封住油口
油杯润滑		常用于交换齿轮箱齿轮架的中间轴或不便经常润滑处。事先在油杯中装满钙基润滑脂，需要润滑时，拧紧油杯盖，则油杯中的油脂就被挤压到润滑点
油泵输油润滑		常用于转速高、需要大量润滑油连续强制润滑的机构，如主轴箱内许多润滑点就是采用这种润滑

2. 车床的润滑系统与润滑要求

（1）车床的润滑系统　车床的润滑情况良好是保证车床的加工精度和正常操作的必要前提。

图中标出各润滑点的位置示意，润滑部位的要求用数字标注，其含义为：

②——该润滑部位使用的是 2 号钙基润滑脂。

③⓪——该润滑部位使用的是 30 号机油。

$\frac{30}{7}$——分子数字表示润滑油类别（示例即 30 号机油），分母数字表示两班制工作时添换油的间隔时间（示例即 7 天）。

$\frac{30}{15}$ 和 $\frac{30}{50}$——分子表示 30 号机油，分母表示两班制工作时的间隔分别为 30 天和 50 天。

在换油时，应先将废油放尽，然后用煤油把箱体内部冲洗干净，再注入新机油。注油时应用滤网过滤，且油面不应低于油标的中线。

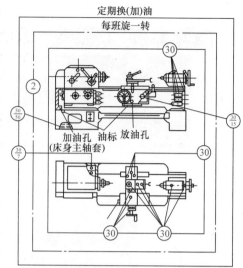

▲ CA6140 型卧式车床的润滑系统

（2）车床的润滑要求 为了保证车床正常的运转和延长其使用寿命，保证工件的加工质量和提高生产率，应注意车床的日常维护与保养。车床的摩擦部位必须进行润滑，润滑时要求做到：

1）定期检查各润滑部位，保持良好的润滑状态。

2）每班工作结束后清扫车床各部位，并给各储油槽加油。

3）每班工作前要检查各油泵输油系统是否正常。若出现故障，应立即检查原因，待查明修复后再起动车床。

4）要经常检查油质，保证其使用良好、未变质等。

5）要定期进行机械精度的检测和调整，以减小各运动部件间的几何误差。

6）要定期检查各电气装置，而且电气装置应摆放整齐，固定可靠，以保证安全。

车床各润滑部位的润滑方式与要求见下表。

▼ 车床各润滑部位的润滑方式与要求

润滑部位	润滑方式	要求	图示
主轴箱内零件	轴承：油泵循环润滑 齿轮：飞溅润滑	箱内润滑油每 3 个月更换一次。车床运转时，箱体上油标应不间断有油输出	

（续）

润滑部位	润滑方式	要求	图示
进给箱内齿轮和轴承	飞溅润滑和油绳导油润滑	每班向储油池加油一次	
交换齿轮箱中间齿轮轴轴承	润滑脂润滑，每班一次	每 7 天向黄油杯加钙基润滑脂一次	
尾座和中、小滑板手柄，以及光杠、丝杠、刀架转动部位	弹子油杯注油润滑，每班一次	每班润滑	
床身导轨、滑板导轨	每班工作前、后擦拭干净，并用油枪浇油润滑	每班润滑	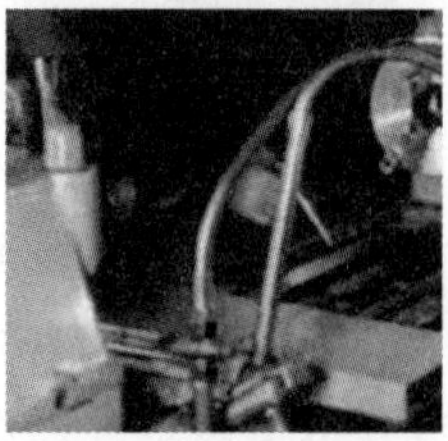

1.4.2 车床的维护保养

1. 车床的日常维护保养要求

1）每班工作后，切断电源，擦干净车床导轨面（包括中、小滑板），要求无油污、无切屑，并浇油润滑。

2）擦干净车床各表面、罩壳、操纵手柄和操纵杆等。车床擦干净后加润滑油，并将车床床鞍摇至床尾一端，再清扫场地。

▲ 清除床身上的切屑与杂物

25

▲ 将车床床鞍摇到床尾一端

3）要求每周保养车床床身

和中、小滑板3个导轨面及各转动部位，做到清洁、润滑良好、油眼畅通、油标清晰。清洗油绳和护床油毡，保持车床外表和工作场地整洁。

2. 车床的一级保养

当车床运行500h后，通常需要进行一级保养。一级保养工作以操作工人为主，在维修工人的配合下进行。保养时，必须先切断电源，以确保安全，然后按下面内容和顺序进行。

（1）主轴箱的保养

1）拆下过滤器进行清洗，使其上无杂物，然后进行复装。

2）检查主轴，其锁紧螺母应无松动现象，紧固螺钉应拧紧。

3）调整制动器及离合器摩擦片的间隙。

（2）交换齿轮箱的保养

1）拆下齿轮、轴套、扇形板等进行清洗，然后复装，在黄油杯中注入新油脂。

a）拆下齿轮

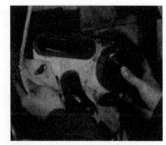

b）拆下扇形板

▲ 交换齿轮箱的保养

2）调整齿轮的啮合间隙。

3）检查轴套，应无晃动现象。

（3）刀架和滑板的保养

1）拆下方刀架进行清洗。

2）拆下中、小滑板丝杠、螺母及镶条进行清洗。

3）拆下床鞍防尘油毡进行清洗，然后加油和复装。

4）中滑板的丝杠、螺母、镶条、导轨加油后复装，调整镶条间隙和丝杠螺母间隙。

5）小滑板的丝杠、螺母、镶条、导轨加油后复装，调整镶条间隙和丝杠螺母间隙。

6）擦净方刀架底面，涂油、复装、压紧。

（4）尾座的保养

1）拆下尾座套筒和压紧块进行清洗、涂油。

2）拆下尾座丝杠、螺母进行清洗和加油。

3）清洗尾座并加油。

4）复装尾座部分并调整。

▲ 清洗尾座   ▲ 复装尾座

（5）润滑系统的保养

1）清洗冷却泵、过滤器和盛液盘。

2）检查并保证油路畅通，油孔、油绳、油毡应清洁、无切屑。

3）检查润滑油，油质应保持良好，油杯应齐全，油标应清晰。

（6）电气设备的保养

1）清扫电动机、电气箱上的尘屑。

2）电气装置应固定、齐全。

（7）外表的保养

1）清洗车床外表面及各罩盖，保持其清洁，且应无锈蚀、无油污。

2）清洗丝杠、光杠和操纵杆。

3）检查并补齐各螺钉、手柄、手柄球。

（8）清理车床附件　中心架、跟刀架、配换齿轮、卡盘等应齐全、洁净，并摆放整齐。保养工作完成后，应对各部件进行必要的润滑。

（9）注意事项　进行一级保养前应做好充分的准备工作，如准备好拆装的工具、清洗装置、润滑油料、放置机件的盘子和必要的备件等；保养应有条不紊地进行，拆下的机件应成组放置，不允许乱放，做到文明操作。

第 2 章　轴类工件的车削

轴是机器中最常用的零件之一，一般由外圆柱面、端面、台阶、倒角、沟槽和中心孔等结构要素构成。

▲ 轴类工件

2.1 车刀的刃磨

2.1.1 车刀切削部分的材料

车刀切削部分的材料有很多，如高速钢、硬质合金、陶瓷、碳素工具钢、金刚石等，常用的有高速钢和硬质合金两大类。

1. 高速钢

高速钢是以钨、铬、钒、钼、钴为主要合金元素的高合金工具钢。由于含有大量的高硬度碳化物，热处理后硬度可达 63～70HRC，热硬性温度达 550～600℃，具有较好的切削性能，切削速度一般为 16～35m/min。高速钢的强度较高，韧性也好，能磨出锋利的刃口，且具有良好的工艺性，是制造车刀的良好材料。切削部分材料为高速钢的车刀有整体式和镶齿式两种。一般形状复杂的车刀都是高速钢车刀。常用高速钢的牌号及主要性能见下表。

▼ 常用高速钢的牌号及主要性能

类型	牌号	硬度/HRC			抗弯强度 /GPa	冲击韧度 ×10^{-2}/(J/cm^2)
		常温	500℃	600℃		
普通高速钢	W18Cr4V	63～66	56	48.5	3.0～3.4	0.18～0.32
	W6Mo5Cr4V2		55～56	47～48	3.5～4.0	0.3～0.4
	W9Mo3Cr4V		59		4.0～4.5	0.35～0.40

（续）

类型		牌号	硬度/HRC			抗弯强度 /GPa	冲击韧度 ×10⁻²/（J/cm²）
			常温	500℃	600℃		
高性能高速钢	高钒	W6Mo5Cr4V3	65~67		51.7	~3.2	~0.25
		W12Cr4V4Mo	66~67		52	~3.2	~0.1
	含钴	W2Mo9Cr4VCo8	67~69	60	55	2.7~3.8	0.23~0.3
		W6Mo5Cr4V2Co5	66~68		54	~3.0	~0.3
	含铝	W6Mo5Cr4V2Al	67~69	60	55	2.9~3.9	0.23~0.3
		W10Mo4Cr4V3Al①			54	3.1~3.5	0.2~0.28

① 该牌号为旧牌号，新标准无对应牌号。

2. 硬质合金

以钴为粘结剂，将高硬度难熔的金属物（WC、TiC、TaC、NbC 等）粉末用粉末冶金方法粘结制成。其常温硬度达 89~94HRA，热硬性温度高达 900~1000℃，耐磨性好，切削速度可比高速钢高 4~7 倍，用于高速车削。但其韧性差，承受冲击、振动能力差；切削刃不易磨得非常锐利，其加工工艺性差。硬质合金车刀大都不是整体式，而是将硬质合金刀片以焊接或机械夹固的方法镶装于车刀刀体上。常用的硬质合金有钨钴、钨钛钴、钨钛钽（铌）钴三类。切削工具用硬质合金的组别、基本成分、作业条件及性能（GB/T 18376.1—2008）见下表。

▼切削工具用硬质合金的组别、基本成分、作业条件及性能

组别	基本成分	作业条件		性能提高方向	
		被加工材料	适用的加工条件	切削性能	合金性能
P01	以 TiC、WC 为基，以 Co（Ni + Mo、Ni + Co）作粘结剂的合金/涂层合金	钢、铸钢	高切削速度、小切屑截面，无振动条件下精车	切削速度 ↑ 进给量 ↓	耐磨性 ↑ 韧性 ↓
P10		钢、铸钢	高切削速度、中、小切屑截面条件下的车削、仿形车削、车螺纹		
P20		钢、铸钢、长切屑可锻铸铁	中等切削速度、中等切屑截面条件下的车削、仿形车削		
P30		钢、铸钢、长切屑可锻铸铁	中或低等切削速度、中等或大切屑截面条件下的车削和不利条件下①的加工		
P40		钢、含砂眼和气孔的铸钢件	低切削速度、大切削角、大切屑截面以及不利条件下①的车削、车槽和自动机床上加工		

（续）

组别	基本成分	作业条件		性能提高方向	
		被加工材料	适用的加工条件	切削性能	合金性能
M01	以 WC 为基，Co 作粘结剂，添加少量 TiC（TaC、NbC）的合金/涂层合金	不锈钢、铁素体钢、铸钢	高切削速度、小载荷、无振动条件下精车	← 切削速度 ↓ ↑ 进给量 ←	← 耐磨性 ↓ ↑ 韧性 ←
M10		不锈钢、铸钢、锰钢、合金钢、合金铸铁、可锻铸铁	中或高等切削速度，中、小切屑截面条件下的车削		
M20		不锈钢、铸钢、锰钢、合金钢、合金铸铁、可锻铸铁	中等切削速度、中等切屑截面条件下的车削		
M30		不锈钢、铸钢、锰钢、合金钢、合金铸铁、可锻铸铁	中等和高等切削速度、中等或大切屑截面条件下的车削		
M40		不锈钢、铸钢、锰钢、合金钢、合金铸铁、可锻铸铁	车削、切断加工		
K01	以 WC 为基，以 Co 作粘结剂，或添加少量 TaC、NbC 的合金/涂层合金	铸铁、冷硬铸铁、短切屑的可锻铸铁	车削、精车	← 切削速度 ↓ ↑ 进给量 ←	← 耐磨性 ↓ ↑ 韧性 ←
K10		布氏硬度高于220HBW 的灰铸铁、短切屑的可锻铸铁	车削		
K20		布氏硬度低于220HBW 的灰铸铁、短切屑的可锻铸铁	用于中等切削速度条件下、轻载荷粗加工、半精加工的车削		
K30		铸铁、短切屑的可锻铸铁	用于在不利条件下[①] 可能采用大切削角的车削、车槽加工，对刀片的韧性有一定要求		
K40		铸铁、短切屑的可锻铸铁	用于在不利条件下[①] 的粗加工，采用较低的切削速度，大的进给量		

(续)

组别	基本成分	作业条件		性能提高方向	
		被加工材料	适用的加工条件	切削性能	合金性能
N01	以 WC 为基，以 Co 作粘结剂，或添加少量 TaC、NbC 或 CrC 的合金/涂层合金	有色金属、塑料、木材、玻璃	高切削速度下，铝、铜、镁等有色金属及塑料、木材等非金属材料的精加工	切削速度 ↓ 进给量 ↑	耐磨性 ↓ 韧性 ↑
N10			较高切削速度下，铝、铜、镁等有色金属及塑料、木材等非金属材料的精加工或半精加工		
N20		有色金属、塑料	中等切削速度下，铝、铜、镁等有色金属及塑料等非金属材料的半精加工或粗加工		
N30			中等切削速度下，铝、铜、镁等有色金属及塑料等非金属材料的粗加工		
S01	以 WC 为基，以 Co 作粘结剂，或添加少量 TaC、NbC 或 TiC 的合金/涂层合金	耐热和优质合金：含镍、钴、钛的各类合金材料	中等切削速度下，耐热钢和钛合金的精加工	切削速度 ↓ 进给量 ↑	耐磨性 ↓ 韧性 ↑
S10			低等切削速度下，耐热钢和钛合金的半精加工或粗加工		
S20			较低切削速度下，耐热钢和钛合金的半精加工或粗加工		
S30			较低切削速度下，耐热钢和钛合金的断续切削，适于半精加工或粗加工		
H01	以 WC 为基，以 Co 作粘结剂，或添加少量 TaC、NbC 或 TiC 的合金/涂层合金	淬硬钢、冷硬铸铁	低切削速度下，淬硬钢、冷硬铸铁的连续轻载精加工	切削速度 ↓ 进给量 ↑	耐磨性 ↓ 韧性 ↑
H10			低切削速度下，淬硬钢、冷硬铸铁的连续轻载精加工、半精加工		
H20			较低切削速度下，淬硬钢、冷硬铸铁的连续轻载半精加工、粗加工		
H30			较低切削速度下，淬硬钢、冷硬铸铁的半精加工、粗加工		

① 不利条件是指原材料或铸造、锻造的零件表面硬度不匀、加工时的背吃刀量不匀、间断切削以及振动等情况。

2.1.2 车刀的组成与主要角度

1. 车刀的组成

车刀由刀头和刀杆两部分组成。刀头用于切削，又称切削部分，由前面、主后面、副后面、主切削刃、副切削刃、刀尖（即三面两刃一尖）组成。刀杆用于将车刀安装在刀架上，又称夹持部分。

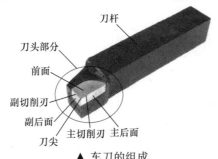

刀杆
刀头部分
前面
副切削刃
副后面
刀尖
主切削刃　主后面

▲ 车刀的组成

▼ 车刀组成的名称、代号与说明

名称	代号	说明
前面	A_r	刀具上切屑流出经过的表面
主后面	A_a	刀具上与前面相交形成主切削刃的后面
副后面	A'_a	刀具上与前面相交形成副切削刃的后面
主切削刃	S	前面与主后面的交线，它担负着主要的切削工作，与工件上过渡表面相切
副切削刃	S'	前面与副后面的交线，它配合主切削刃完成少量的切削工作
刀尖	A	主切削刃与副切削刃的连接处相当少的一部分切削刃

2. 常用车刀的种类与用途

车削加工时，根据不同的车刀加工要求，需选用不同种类的车刀。常用车刀的种类及其用途见下表。

▼ 常用车刀的种类及其用途

种类	外形图	用途	示意
90°车刀（偏刀）		车削工件的外圆、台阶和端面	
75°车刀		车削工件的外圆和端面	

（续）

种类	外形图	用途	示意
45°车刀（弯头车刀）		车削工件的外圆、端面和倒角	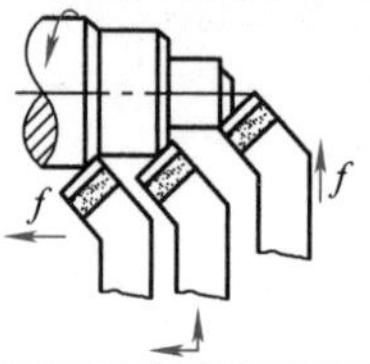
切断刀		切断工件或在工件上车槽	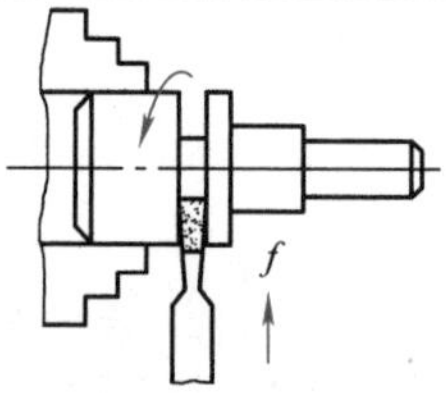
内孔车刀		车削工件的内孔	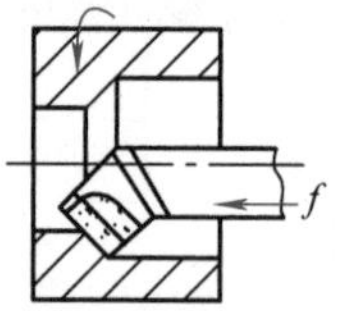
圆头车刀		车削工件的圆弧面或成形面	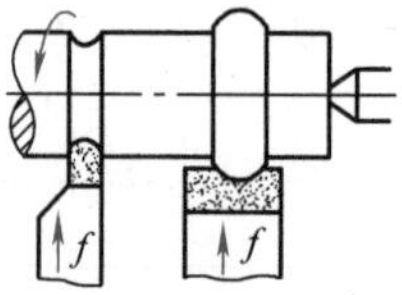
螺纹车刀		车削螺纹	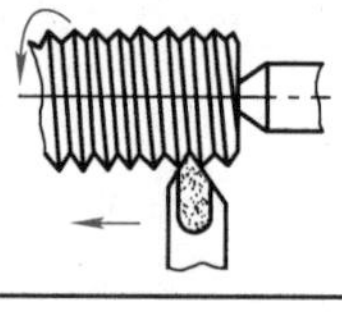

3. 车刀的几何角度

（1）定义和测量车刀角度的参考系　用于定义和测量车刀几何角度的基准坐标平面称为参考系。参考系分为静止参考系和工作参考系两类。静止参考系是车刀设计、制造、刃磨和测量的基准；工作参考系是确定工作状态下车刀角度的基准。静止参考系有正交平面参考系、法平面参考系、进给平面参考系和切深平面参考系，最常用的是正交平面参考系。下面以外圆车刀为例介绍正交平面参考系与车刀几何标注角度。

1）静止参考系的假定条件：

① 不考虑进给运动的影响，只考虑切削速度方向的影响。

② 规定刀具的安装基准面垂直于切削速度方向，刀柄的轴线与进给运动方向垂直。

2）正交平面参考系。正交平面参考系由基面 P_r、主切削平面 P_s 和正交平面 P_o 组成，即 $P_r - P_s - P_o$。

▼ 正交平面参考系

辅助平面	符号	定义	图 示
基面	P_r	通过主切削刃上的任一点，并垂直于假定的主运动方向	切削刃选定点　基面P_r
切削平面	P_s	通过切削刃上的任一点，与切削刃相切并垂直于基面的平面	基面P_r　主切削平面P_s
正交平面	P_o	通过主切削刃上某一选定点，同时垂直于基面和切削平面的平面	基面P_r　主切削平面P_s　正交平面P_o

提示： 如果切削刃选定点在副切削刃上，则所定义的是副切削刃静止参考系的坐标平面，应在相应的符号右上角加标"′"以示区别。并在坐标面名称前冠以"副切削刃"。

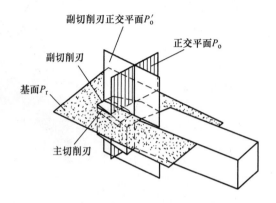

▲ 副切削刃正交平面与正交平面和基面

（2）车刀几何角度定认与测量 车刀切削部分共有六个独立的基本角度（主偏角 κ_r、副偏角 κ_r'、前角 γ_o、主后角 α_o、副后角 α_o' 和刃倾角 λ_s）和两个派生角度（刀尖角 ε_r 和楔角 β_o）。

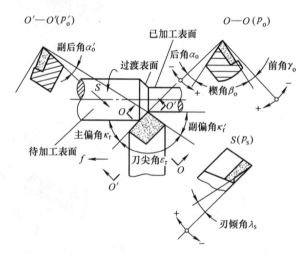

▲ 车刀切削部分主要几何角度

车刀基本几何角度与主要作用见下表。

▼ 车刀基本几何角度与主要作用

投影面	图示	角度	定义	主要作用
基面 P_r	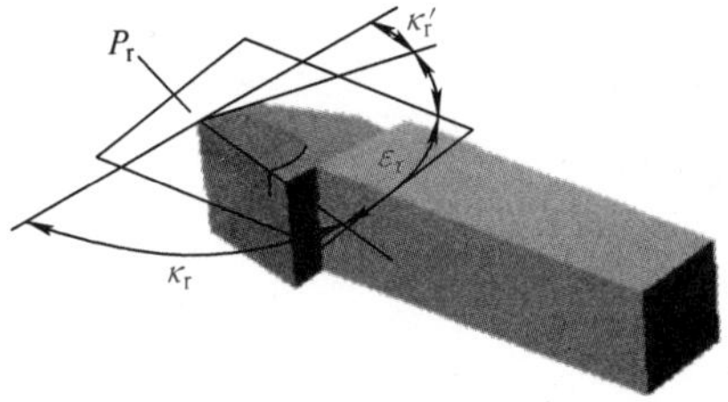	主偏角 κ_r	主切削刃上选定点的主切削平面与工作平面间的夹角,即主切削刃在基面上的投影与进给运动方向之间的夹角	改变主切削刃的受力、导热能力,影响切屑的厚度
		副偏角 κ'_r	副切削刃上选定点的副切削平面与工作平面的夹角,即副切削刃在基面上的投影与进给运动反方向之间的夹角	减小副切削刃与工件已加工表面的摩擦,影响工件表面质量及车刀强度
		刀尖角 ε_r	主切削平面与副切削平面的夹角,即主、副切削刃在基面上的投影之间的夹角	影响刀尖强度和散热性能
正交平面 P_o	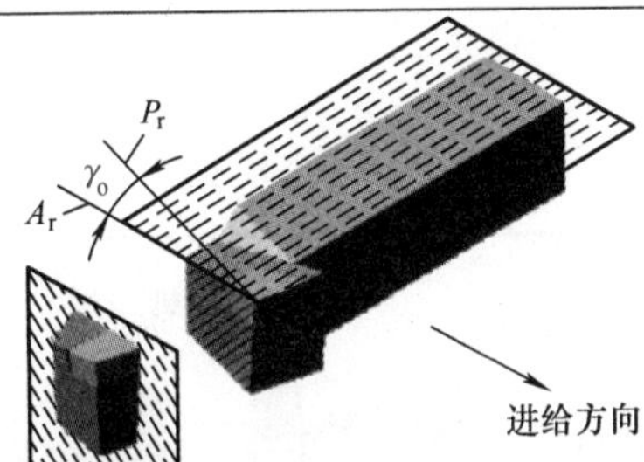	前角 γ_o	前面与基面间的夹角	影响刃口的锋利程度和强度,影响切削变形和切削力
	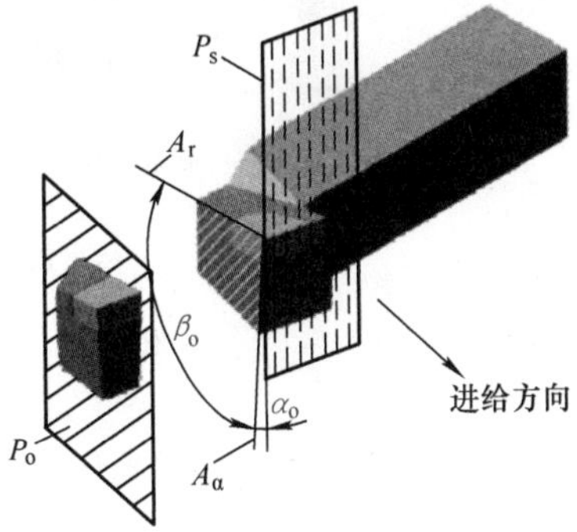	后角 α_o	主后面与主切削平面间的夹角	减小车刀主后面与工件过渡表面间的摩擦
		楔角 β_o	前面与后面间的夹角	影响刀头截面的大小,从而影响刀头的强度

37

（续）

投影面	图示	角度	定义	主要作用
副正交平面 P'_s	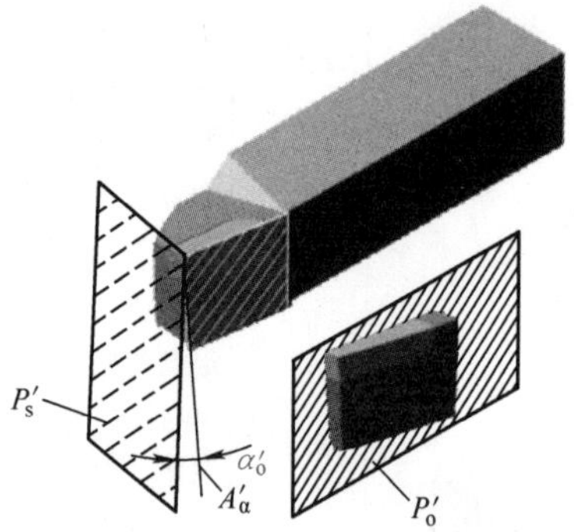	副后角 α'_o	副后面与副切削平面间的夹角	减小车刀副后刀面与工件已加工表面的摩擦
主切削平面 P_s	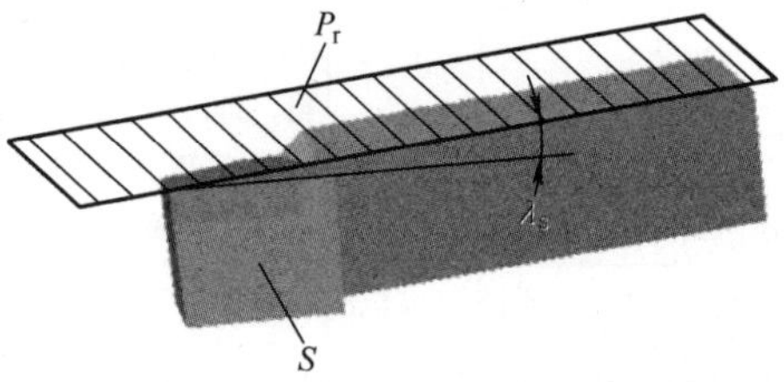	刃倾角 λ_s	主切削刃与基面间的夹角	控制排屑方向

2.1.3 车刀的刃磨

1. 砂轮的选用

砂轮机是用来刃磨各种刀具、工具的常用设备，由电动机、砂轮机座、托架和防护罩等部分组成。

刃磨车刀的砂轮大多采用平形砂轮，按其磨料的不同分为氧化铝砂轮和碳化硅砂轮两类。砂轮的粗细以粒度表示，一般可分为 F36、F60、F80 和 F120 等级别。粒度越多则表示组成砂轮的磨料越细，反之越粗。粗磨车刀时应选用粗砂轮，精磨车刀时应选用细砂轮。刃磨车刀时必须根据其材料来选定砂轮。

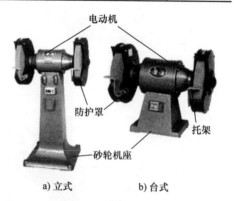

a) 立式　　　b) 台式

▲ 砂轮机

▼ 砂轮的选用

砂轮类型	图示	特征	应用范围
氧化铝	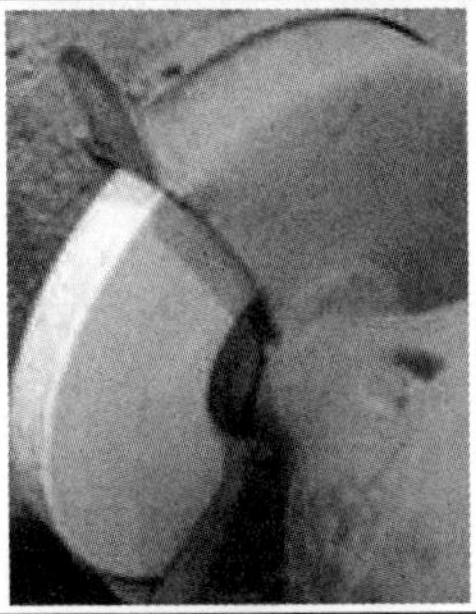	多呈白色,其磨粒韧性好,比较锋利,硬度较低,自锐性好	适用于刃磨高速钢车刀和硬质合金车刀的刀体部分
碳化硅	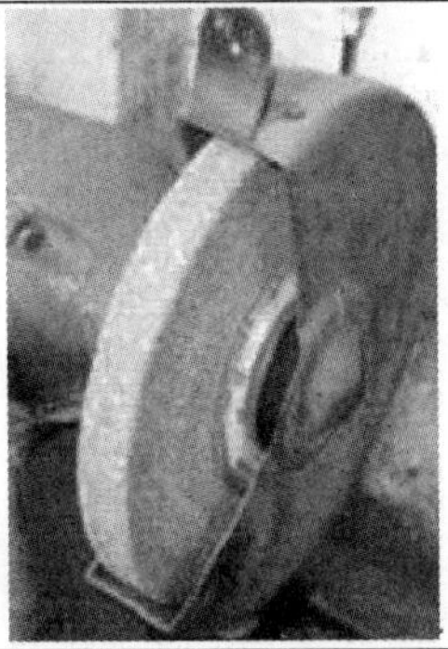	多呈绿色,其磨粒的硬度较高,刃口锋利,但其脆性大	适用于刃磨硬质合金车刀

 砂轮机起动后,应在砂轮旋转平稳后再进行磨削。若砂轮跳动明显,则应及时停机修整。平行砂轮一般用砂轮刀在砂轮上来回修整。

▲ 用砂轮刀修整砂轮

2. 车刀的刃磨方法

在切削过程中,车刀的前面和后面处于剧烈的摩擦和切削热的作用中,使车刀的切削刃口变钝而失去切削能力,这时必须要通过刃磨来恢复车刀切削刃口的锋利和正确的车刀几何角度。车刀刃磨的方法有机械和手工两种。机械刃磨效率高，操作方便，几何角度准确，质量好，但在一些中、小型企业当中，仍普遍采用手工刃磨的方法。因此，车工必须掌握好手工刃磨车刀的技术。现以90°外圆车刀为例，介绍车刀的一般刃磨过程。

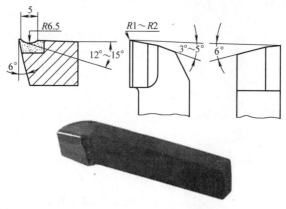

▲ 90°外圆车刀

▼ 90°外圆车刀的刃磨

① 磨焊渣	② 粗磨主后面

▲ 选用粒度为 F24 ~ F36 的氧化铝砂轮，先磨去车刀前面、后面上的焊渣，并将车刀底面磨平	▲ 选用粒度为 F36 ~ F60 的碳化硅砂轮。前面向上，车刀由下至上接触砂轮，在略高于砂轮中心水平位置处，将车刀向上翘6°~8°角（形成主后角），使主切削刃与砂轮外圆平行（90°主偏角），左右水平移动粗磨主后面

（续）

③ 粗磨副后面	④ 粗、精磨前面

▲ 前面向上，在略高于砂轮中心水平位置处，车刀刀头向上翘 8° 左右（形成副后角），刀杆向右摆 6° 左右（形成副偏角），左右水平移动粗磨副后面	▲ 主后面向上，刀头略向上翘 3° 左右（一个前角）或不翘（0° 的前角），主切削刃与砂轮外圆平行（0° 的刃倾角），左右水平移动刃磨
⑤ 精磨主、副后面	⑥ 粗、精磨前面
	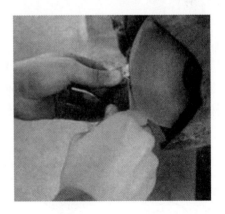
▲ 按前述的方法，精磨主、副后面	▲ 主后面向上，刀头略向上翘 3° 左右（一个前角）或不翘（0° 的前角），主切削刃与砂轮外圆平行（0° 的刃倾角），左右水平移动刃磨

（续）

⑦ 修磨刀尖圆弧	⑧ 车刀研磨
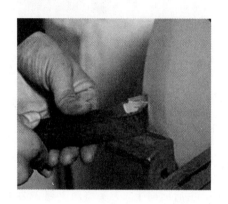	
▲ 前面向上，刀头与砂轮成 45°角，用右手握车刀，以前端为支点，用左手转动车刀尾部刃磨出圆弧过渡刃	▲ 手持磨石，贴平车刀各面，平行移动研磨各面

　　有的时候，若切屑不断、成带状缠绕在工件和车刀上，就会影响正常的车削，而且还会降低工件表面质量，甚至发生事故。因此，在刀头上磨出断屑槽就很有必要了。常见的断屑槽有圆弧形和直线形两种：圆弧形断屑槽的前角较大，适宜于切削较软的材料；直线形断屑槽的前角较小，适宜于切削较硬的材料。断屑槽的宽窄根据车削加工时的背吃刀量和进给量来确定。

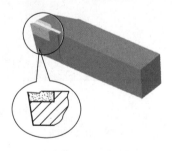

▲直线形断屑槽

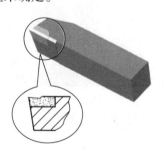

▲圆弧形断屑槽

▼ 硬质合金车刀断屑槽的参考尺寸　　　　　　　　　　　　　　　（单位：mm）

直线形	(图)	背吃刀量 a_p	进给量 f			
			0.15 ~ 0.30	0.30 ~ 0.45	0.45 ~ 0.7	0.7 ~ 0.9
			$L_{Bn} \times C_{Bn}$			
		0 ~ 1	1.5 × 0.3	2 × 0.4	3 × 0.5	3.5 × 0.5
		1 ~ 4	2.5 × 0.5	3 × 0.5	4 × 0.6	4.5 × 0.6
		4 ~ 9	3 × 0.5	4 × 0.6	4.5 × 0.6	5 × 0.6
圆弧形	(图)	背吃刀量 a_p	进给量 f			
			0.3　0.4	0.5 ~ 0.6	0.7 ~ 0.8	0.9 ~ 1.2
			r_{Bn}			
		2 ~ 4	3　3	4	5	6
		5 ~ 7	4　5	6	8	9
		7 ~ 12	5　8	10	12	14

直线形图注：
120°～125°
$b_{\gamma 1} = (0.5 \sim 0.8) f$, $\gamma_{o1} = -10° \sim -5°$
5°　7°　10°
γ_{o1}　$b_{\gamma 1}$　L_{Bn}　C_{Bn}

圆弧形图注：
$b_{\gamma 1}$　L_{Bn}　r_{Bn}　C_{Bn}　γ_{o1}　γ_o
$C_{Bn} = 5 \sim 1.3mm$（由所取的前角值决定），r_{Bn} 在 L_{Bn} 的宽度和 C_{Bn} 的深度下成一自然圆弧

刃磨断屑槽时刀尖可向下磨或是向上磨，但选择刃磨断屑槽的部位时应考虑留出倒棱的宽度（即留出相当于进给量大小的距离）。

▲ 向下刃磨

▲ 向上刃磨

提示:

1) 刃磨车刀时人站在砂轮侧面, 以防止碰伤。

2) 双手握刀要稳, 以减小磨削时的抖动。

3) 磨刀时车刀应略高于砂轮中心位置。

4) 磨刀时车刀要作直线移动, 将切削刃磨平直。

5) 磨削高速钢车刀时要注意冷却, 磨削硬质合金车刀时切不可使高温刀头沾水, 以防止刀头温度骤降而产生裂纹。

2.2 外圆、端面和台阶的车削

2.2.1 工件的装夹与找正

1. 工件的装夹

轴类工件在车床上的装夹方法很多, 由于工件的形状、大小的差异和加工精度与数量的不同, 其装夹方法也不一样。

▼ 轴类工件的装夹方法

装夹方法	图示	说明
自定心卡盘装夹		自定心卡盘的三个卡爪是同步运动的, 能自动定心(装夹工件时一般不需要找正)。但在装夹较长的工件时, 工件离卡盘夹持部分较远处的旋转中心不一定会与车床的主轴轴线重合, 这时就必须要找正工件; 另外, 当自定心卡盘使用时间较长后, 已失去了精度, 而且工件的加工精度要求较高, 这时也需要找正。找正的要求就是要使工件的回转中心(工件中心线)与车床主轴中心(轴线)重合

（续）

装夹方法	图示	说明
单动卡盘装夹		单动卡盘有四个各不相关的卡爪，每个卡爪背面有一半牙内螺纹与夹紧螺杆啮合，四个夹紧螺杆的外端有方孔，用来安装插卡盘扳手的方榫。用扳手转动某一夹紧螺杆时跟其啮合的卡爪就能单独移动。由于单动卡盘的四个卡爪各自独立运动，装夹时不能自动定心，必须使工件加工部位的旋转轴线与车床主轴旋转轴线重合后才可车削。单动卡盘的找正比较费时，但夹紧力比自定心卡盘大，因此适用于装夹大型或形状不规则的工件
一夹一顶装夹		车削一般轴类工件尤其是较重的工件时，可将工件一端用自定心卡盘或单动卡盘夹紧，另一端用后顶尖支顶
两顶尖装夹	 前顶尖　鸡心卡头　工件 后顶尖	对于较长或必须经过多道工序才能完成的轴类工件，则采用两顶尖装夹工件。两顶尖装夹工件方便，不需找正，装夹精度高；但必须先在工件端面钻出中心孔，夹紧力较小。适用于几何公差要求较高的工件和大批量生产

2. 工件的找正

定位、找正、夹紧，使工件在整个车削加工过程中始终能保持一个正确的加工位置，是保证顺利生产加工的前提条件。

▼ 工件在卡盘上的找正方法

卡盘	工件类型	图示	操作说明
自定心卡盘	轴向尺寸大		1) 用卡盘轻轻夹住工件，把划线盘放置在适当的位置，使划针针尖接触工件悬伸一端处的外圆表面 2) 将主轴箱变速手柄处于空挡状态，用手拨动卡盘使其缓慢转动，观察划针尖端与工件表面的接触情况，并用木棒（或铜棒）轻轻敲击工件悬伸端，直至全圆周划针与工件表面间的间隙均匀一致，工件才算找正完毕
			1) 先用划针粗找正工件，方法同上 2) 将磁性表座吸在车床导轨（或中滑板上），调整表架位置，使百分表测头垂直指向工件悬伸端外圆表面，将主轴箱变速手柄处于空挡状态，用手拨动卡盘使其缓慢转动，观察百分表的读数情况，并用木棒（或铜棒）轻轻敲击工件悬伸端，直至全圆周上百分表的读数值基本一致（误差不大于 0.10mm），工件才算找正完毕
	轴向尺寸小	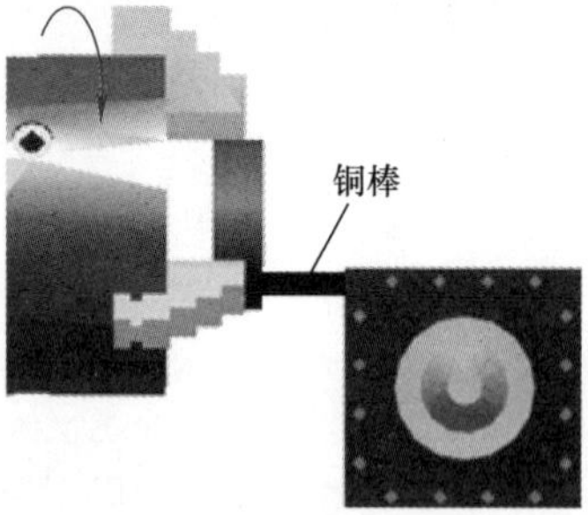 铜棒	轻夹工件，再在刀架上安装一根圆头铜棒，起动车床，使卡盘低速转动，移动床鞍，使刀架上的圆头铜棒轻轻接触工件端面，观察工件端面大致与轴线垂直后即停止主轴旋转，并夹紧工件。对于直径较大而轴向尺寸不大的工件（盘形工件），则用百分表来检测。将百分表测头垂直指向工件端面的外缘，使百分表测头预先压下 0.5～1mm，用手拨动卡盘使其缓慢转动，并找正工件，至每转中百分表读数的最大差值在 0.10mm 以内，找正结束，然后夹紧工件

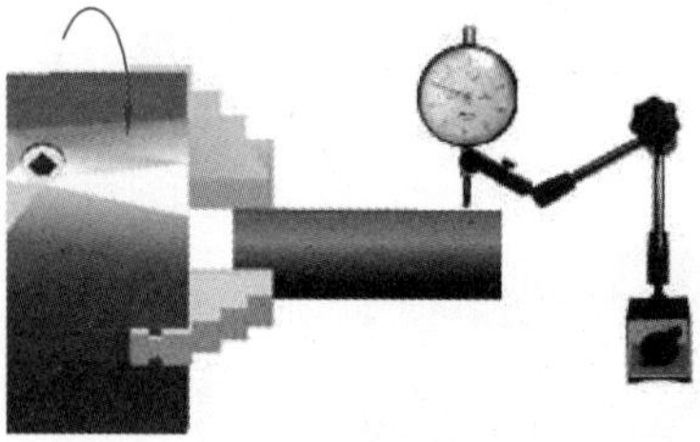

（续）

卡盘	工件类型	图示	操作说明
单动卡盘	轴类	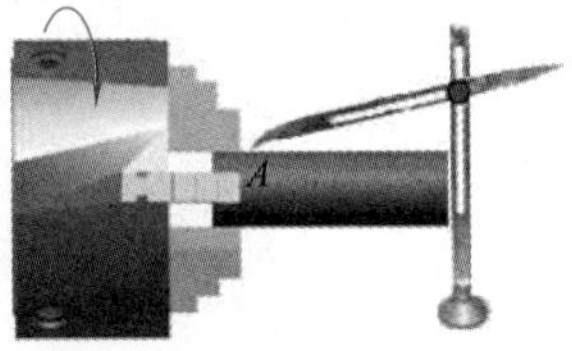	1）将划针（或百分表）靠近工件上的 A 点，用手拨转卡盘，观察工件表面与划针尖间的间隙，根据情况调整相对卡爪的位置，调整量为间隙差值的一半 2）将划针（或百分表）移至 B 点，不调整卡爪的位置，而是用铜棒轻轻敲击工件端角，直到间隙均匀一致
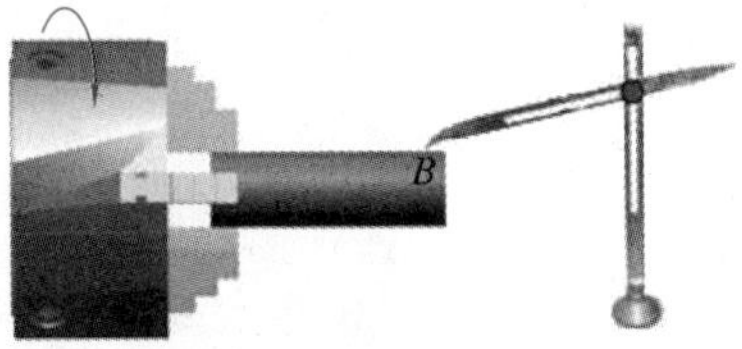	盘类	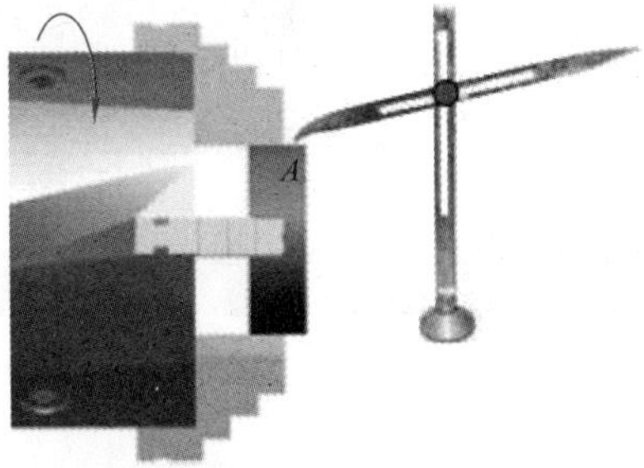	1）将划针（或百分表）靠近工件上的 A 点，用手拨转卡盘，观察工件表面与划针尖间的间隙，根据情况调整相对卡爪的位置，调整量为间隙差值的一半 2）将划针尖（或百分表）靠近端面边缘 B 点处，用手拨动卡盘，观察划针尖与端面之间的间隙。找出端面上离划针最近的位置，根据情况用铜锤轻轻敲击端面，调整量为间隙差值的一半

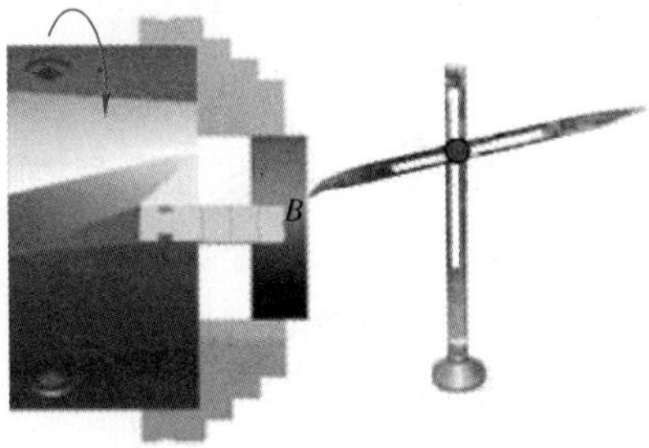

2.2.2 车刀的安装与车削方法

1. 车刀的安装

车刀安装质量将直接影响车削加工和工件的加工质量，因此安装车刀时应注意以下几个问题：

1）车刀伸出长度是刀杆厚度的 1 ~ 1.5 倍。

▲刀杆伸出刀架的长度

▲ 车刀在刀架上的正确安装

2）刀杆下平面所垫垫片要尽量少，一般为 1 ~ 2 片，且与刀架边缘对齐，并至少用两个螺钉将其紧固。

3）车刀刀杆中心线应与进给方向垂直或平行。

4）车刀的刀尖应与工件旋转中心等高。

为了使车刀对准工件的旋转中心，通常的操作见下表。

▲ 车刀刀尖与工件旋转中心等高位置

▼ 车刀对准工件旋转中心的方法

方法	图　示	操作说明
测量装刀	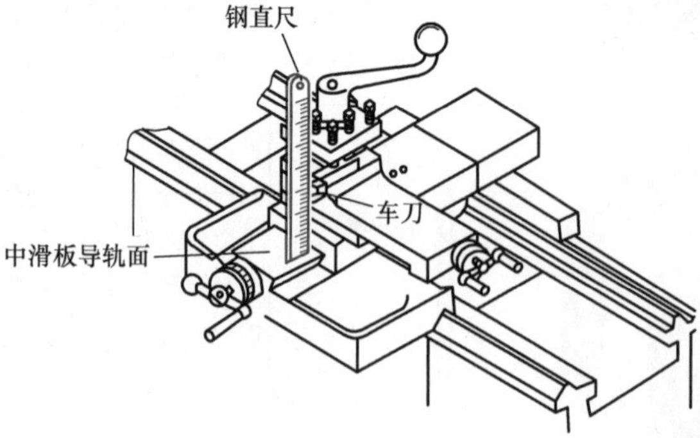 钢直尺 车刀 中滑板导轨面	用钢直尺测量车床主轴中心高来装刀
	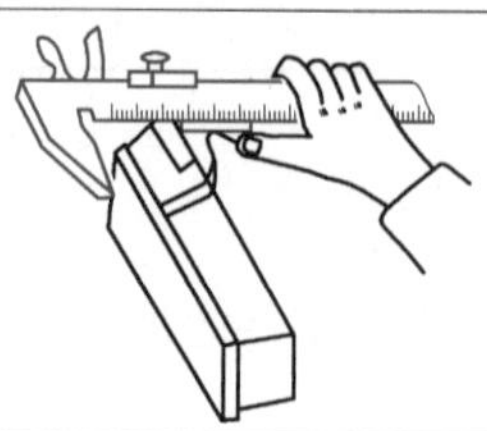	用游标卡尺直接测量刀具与垫片厚度来装刀

（续）

方法	图 示	操作说明
刻线对刀	 刻线	在中滑板端面上划出一条刻线，作为安装刀具调整垫片的基准
顶尖对刀	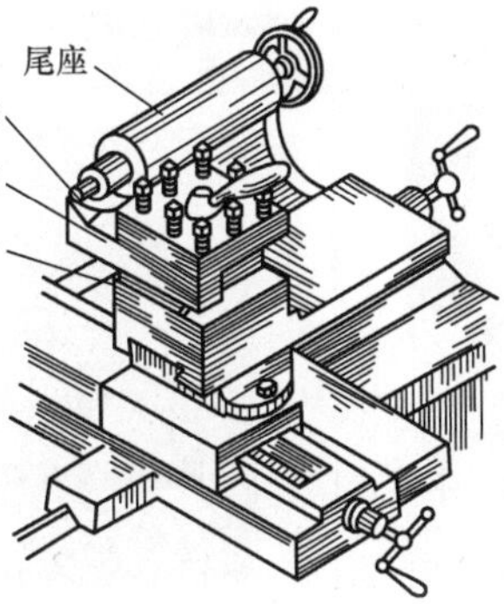 尾座 顶尖 车刀 垫片	根据车床尾座顶尖高低直接装刀

2. 车削方法

（1）外圆的车削 将工件装夹在卡盘上，车刀安装在刀架上，使之接触工件并作相对纵向进给运动，便可车出外圆。

▼ 外圆车削的操作方法

① 对刀	② 退刀

▲ 起动车床，使工件旋转。左手摇动床鞍手轮，右手摇动中滑板手轮，使车刀刀尖由远处逐渐靠近工件（移动速度由快到慢），并轻轻接触工件待加工表面（记住中滑板刻度）	▲ 反向摇动床鞍手柄退刀，使车刀距离工件端面3～5mm

（续）

③ 调整背吃刀量	④ 试车削

▲ 按照设定的进刀次数选定背吃刀量（中滑板横向进给）	▲ 合上进给手柄，纵向车削 2～3mm，断开进给手柄
⑤ 退刀测量	⑥ 再车削

▲ 中滑板不动，纵向摇动床鞍退刀，停车测量试切后的外圆	▲ 根据检测情况对背吃刀量进行修正，再合上进给手柄，车至所需长度

（2）端面的车削　其操作方法步骤见下表。

▼ 端面车削的操作方法

① 对刀	② 退刀

▲ 起动车床，使工件旋转。左手摇动床鞍手轮，右手摇动中滑板手轮，使车刀刀尖由远处逐渐靠近工件端面（移动速度由快到慢），然后移动小滑板，使车刀刀尖轻轻接触工件端面	▲ 反向摇动中滑板手柄退刀，使车刀距离工件外圆 3～5mm

（续）

③ 调整背吃刀量	④ 车端面

▲ 摇动小滑板手柄，使车刀纵向移动 0.5～1mm	▲ 合上进给手柄车端面（在车至近中心处时，断开机动进给，改用手动进给车至中心）

1) 用 90°车刀从外向中心进给时，一定要将床鞍锁紧，特别是当背吃刀量较大时，切削力 F 会使车刀扎入工件，形成凹面。为避免这一现象，可改由轴中心向外缘进给，由主切削刃切削，但背吃刀量应取小值。

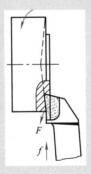

▲ 车刀由外向里进刀

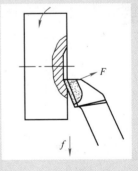

▲ 车刀由里向外进刀

2) 车削时要保持车刀锋利并调整好滑板镶条以及压紧刀架，否则背向力会使车刀产生让刀。

（3）台阶的车削　车台阶时不仅要车外圆，还要车削环形端面。因此，车削时既要保证外圆和台阶面长度尺寸，又要保证台阶端面与工件轴线的垂直度要求。

车台阶时，通常选用90°外圆偏刀。车刀的安装应根据粗、精车和余量的多少来调整。粗车时为了增加背吃刀量，减小刀尖的压力，安装车刀时主偏角可小于90°（一般为85°~90°）。精车时为了保证工件台阶端面与工件轴线的垂直度，应取主偏角大于90°（一般为93°左右）。

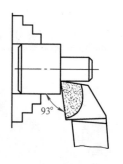

▲车台阶时车刀的安装

车台阶工件时，一般分为粗、精车。粗车时台阶长度除第一挡（即端头）台阶长度略短外（留精车余量），其余各挡车至要求长度。精车时，通常在机动进给精车外圆至近台阶处时，以手动进给代替机动进给。当车到台阶面时，应变纵向进给为横向进给，移动中滑板由里向外慢慢精车，以确保台阶端面对轴线的垂直度。

提示：
车削高度在5mm以下的台阶时，可在一次进给中车出；车高于5mm以上的台阶时，应分层进行车削。

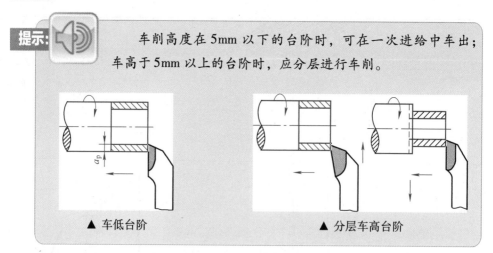

▲ 车低台阶　　　　　　　　　　▲ 分层车高台阶

车台阶时，准确掌握台阶长度的关键是按图样选择正确的测量基准。若基准选择不当，将造成积累误差而产生废品，尤其是多台阶的工件。

通常控制台阶长度尺寸的方法有刻线法、挡铁控制法和床鞍刻度盘控制法3种。

▼ 台阶长度尺寸控制方法

控制方法	图示	说明
刻线法	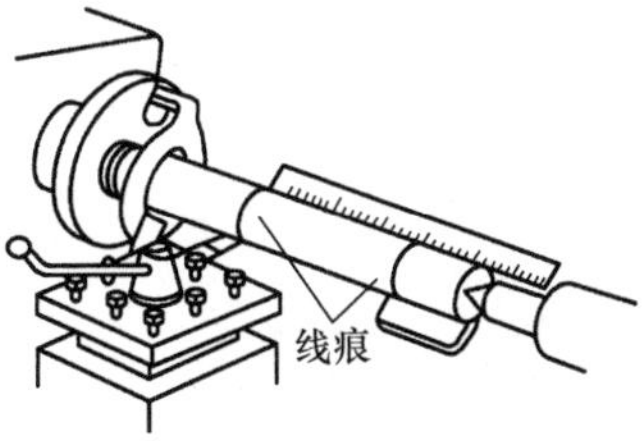	先用钢直尺或样板量出台阶的长度尺寸，用车刀刀尖在台阶的所在位置处划出一条细痕，然后再车削
挡铁控制法	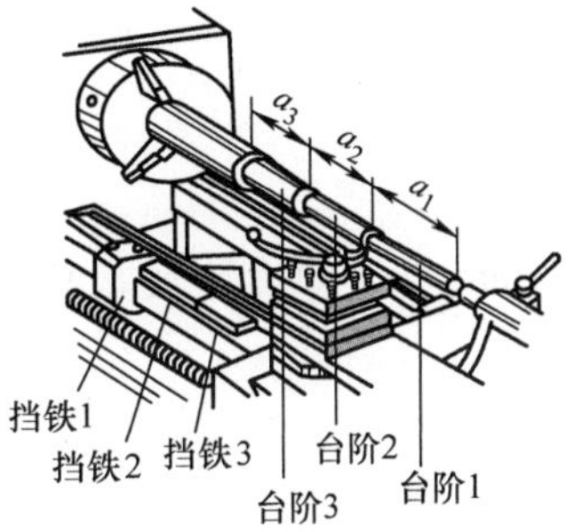	在成批生产台阶轴时，为了准确迅速地掌握台阶长度，可用挡铁来控制。先把挡铁 1 固定在床身导轨上，与图中台阶 3 的轴向位置一致。挡铁 2、3 的长度分别等于 a_2、a_1。当床鞍纵向进给碰到挡铁 3 时，工件台阶 1 的长度 a_1 车好；拿去挡铁 3，调整好下一个台阶的背吃刀量，继续纵向进给，当床鞍碰到挡铁 2 时，台阶长度 a_2 车好；当床鞍碰到挡铁 1 时，台阶长度 a_3 车好。这样就完成了全部台阶的车削
床鞍刻度盘控制法	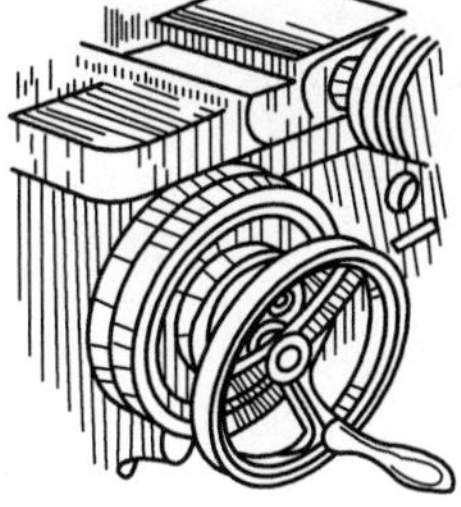	CA6140 型车床床鞍进给刻度盘一格等于 1mm，据此，可根据台阶长度计算出床鞍进给时刻度盘手柄应转过的格数

提示：　　　工件加工后，在端面与回转面相交处还存在尖角和小毛刺。为方便零件的使用，常采用倒角和锐边倒钝的方法来去除尖角和毛刺。

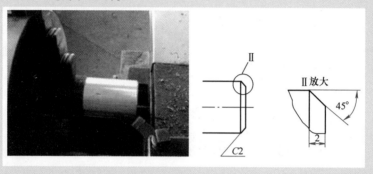

▲倒角图样的意义

图中 C2 表示倒角宽度为2mm，角度为45°。

2.3　车槽与切断

2.3.1　切断刀（车槽刀）的刃磨

1. 切断刀（车槽刀）的结构

在车削加工时，切断刀是以横向进给为主的。切断刀前端的切削刃是主切削刃，两侧的切削刃是副切削刃（一般外沟槽刀的角度与结构形状与切断刀基本相同）。一般切断刀的主切削刃较窄，刀杆较长，因此刀杆强度较低，所以在选择刀杆的几何参数和切削用量时要特别注意提高切断刀的强度。

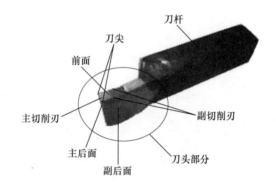

▲ 切断刀的结构

　　切断刀的种类很多，按切削部分的材料不同分为高速钢切断刀与硬质合金切断刀。高速钢切断刀的切削部分与刀杆为同一材料锻造而成，是目前应用较广泛的一种切断刀。硬质合金切断刀是由用作切削部分的硬质合金焊接在刀杆上而成的，它适宜于高速切削加工。

　　2. 切断刀（车槽刀）的几何参数

　　（1）高速钢切断刀的几何参数见下表。

▼ **高速钢切断刀的几何参数**

内容	图例说明
高速钢切断刀几何角度	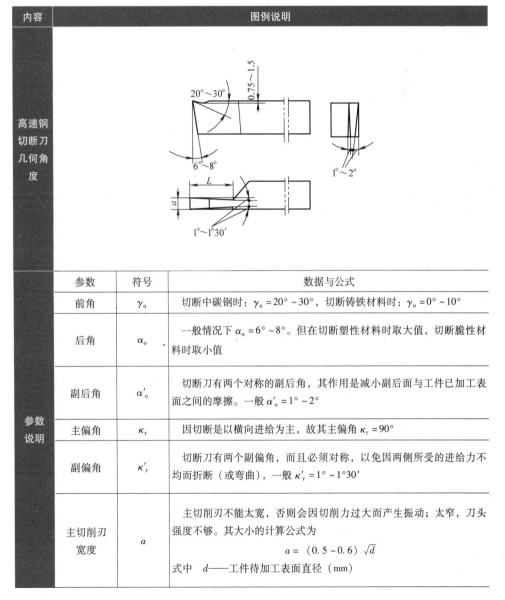

参数		符号	数据与公式
参数说明	前角	γ_o	切断中碳钢时：$\gamma_o = 20° \sim 30°$，切断铸铁材料时：$\gamma_o = 0° \sim 10°$
	后角	α_o	一般情况下 $\alpha_o = 6° \sim 8°$。但在切断塑性材料时取大值，切断脆性材料时取小值
	副后角	α'_o	切断刀有两个对称的副后角，其作用是减小副后面与工件已加工表面之间的摩擦。一般 $\alpha'_o = 1° \sim 2°$
	主偏角	κ_r	因切断是以横向进给为主，故其主偏角 $\kappa_r = 90°$
	副偏角	κ'_r	切断刀有两个副偏角，而且必须对称，以免因两侧所受的进给力不均而折断（或弯曲），一般 $\kappa'_r = 1° \sim 1°30'$
	主切削刃宽度	a	主切削刃不能太宽，否则会因切削力过大而产生振动；太窄，刀头强度不够。其大小的计算公式为 $$a = (0.5 \sim 0.6)\sqrt{d}$$ 式中　d——工件待加工表面直径（mm）

（续）

参数	参数	符号	数据与公式
参数说明	刀头长度	L	刀头长度如下图所示，太长容易引起振动（或使刀头折断），其长度大小的计算公式为 $$L = h + (2 \sim 3)\,\text{mm}$$ 式中　h——切入深度（mm） 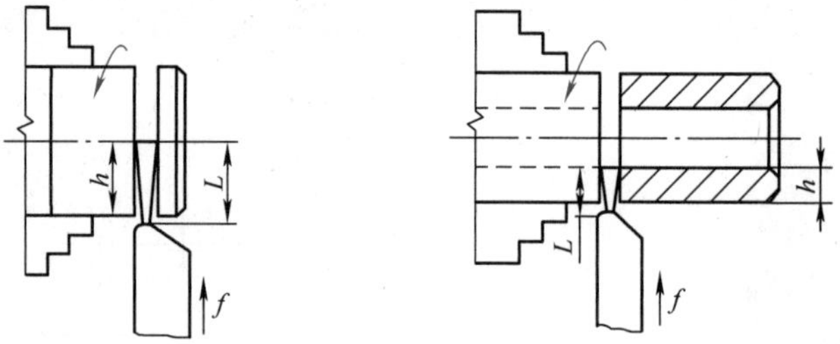 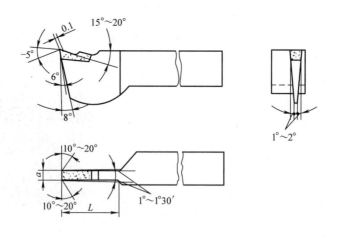
	卷屑槽		一般为 $0.75 \sim 1.5\,\text{mm}$

（2）硬质合金切断刀　用硬质合金切断刀切断工件时，切屑易堵塞在槽内，为了排屑顺利，一般将主切削刃两边倒角或磨成人字形。

▲ 硬质合金切断刀

3. 刃磨方法

▼ 切断刀的刃磨方法与步骤

刃磨步骤	操作说明	图示
刃磨左侧副后面	两手握刀，车刀前面向上，刀头向上略翘1°～2°（即左侧副后角），刀杆向左内摆1°～1°30′（即左侧副偏角），保持这个姿势不变，左右水平移动刃磨（同时磨出左侧副后角和副偏角）	
刃磨右侧副后面	两手握刀，车刀前面向上，刀头向上略翘1°～2°（即右侧副后角），刀杆向右内摆1°～1°30′（即右侧副偏角），保持这个姿势不变，左右水平移动刃磨（同时磨出右侧副后角和副偏角）	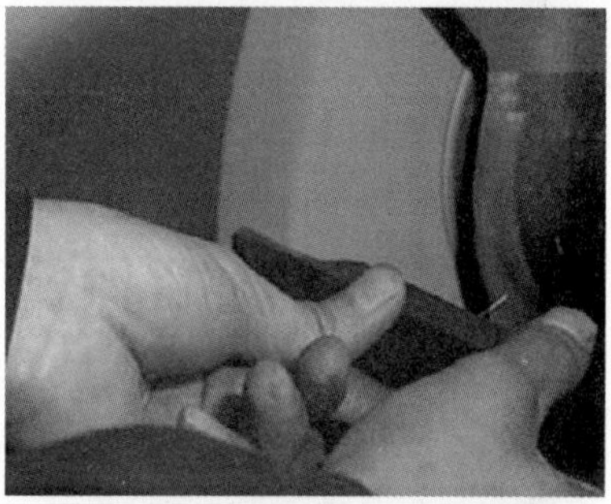
刃磨主后面	两手握刀，车刀前面向上，刀头略向上翘6°～8°（即主后角），且使主切削刃与砂轮外圆平行，保持这个姿势不变，左右水平移动刃磨	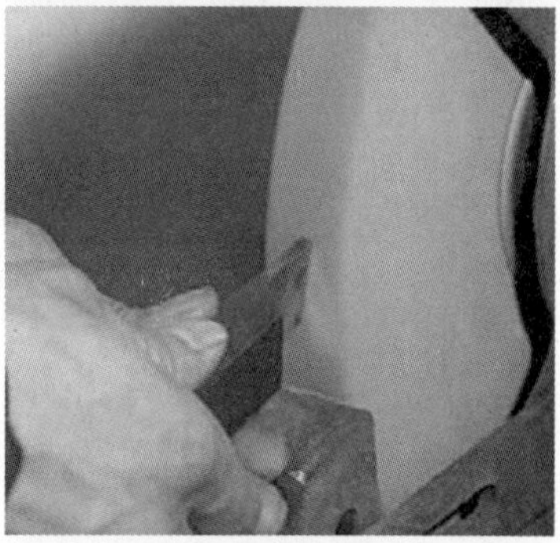
刃磨前面	两手握刀，使车刀前面对着砂轮磨削表面（刃磨前面、前角、卷屑槽，具体尺寸按工件材料性能而定）	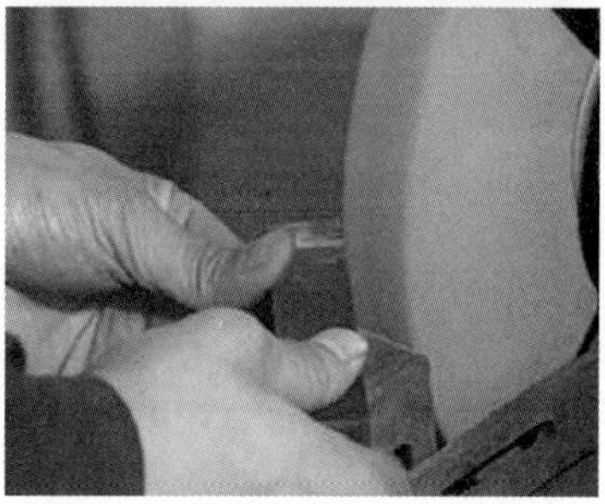

(续)

刃磨步骤	操作说明	图示
修磨刀尖圆弧（或过渡刃）	两手握刀，刀杆与砂轮成45°角，轻轻修磨。过渡刃大小为0.2~0.5mm	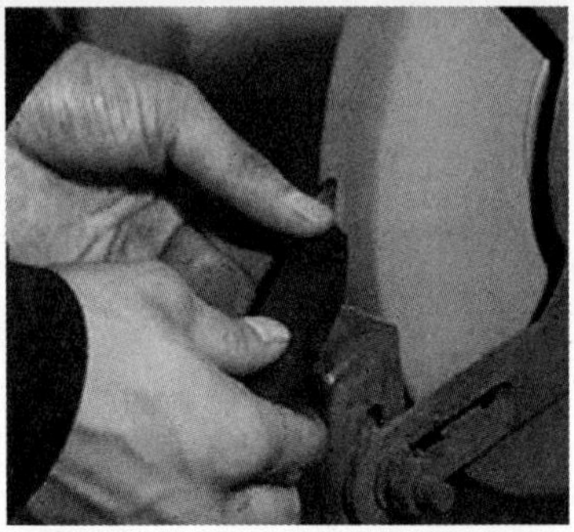 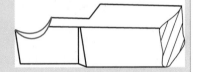

1）切断刀卷屑槽不宜刃磨得太深，一般为0.75~1.5mm。卷屑槽太深，刀头强度低，易折断。

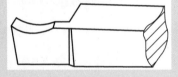

▲ 切断刀卷屑槽　　　　　　▲ 卷屑槽太深

2）切断刀前面不允许磨得过低或形成台阶形，这种切断刀切削时不顺畅，排屑也困难，切削负荷大增，刀头也易折断。

3）刃磨切断刀时，其两侧的副后角应以车刀底面为基准，用钢直尺或直角尺检查。其副后角不能出现负值，否则切断时刀具会与工件侧面发生摩擦；副后角过大，刀头强度会降低，切削时易折断。

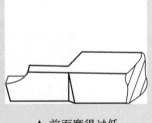

▲ 前面磨得过低

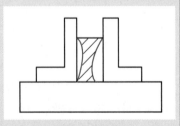

▲ 副后角为负值

2.3.2 车沟槽与切断

1. 外沟槽的车削方法

（1）车槽刀的安装要求　安装车槽刀时不宜伸出过长，同时车槽刀的中心线必须装得与工件中心线垂直，以保证两副偏角对称；另外，车槽刀也必须装得与工件中心等高，否则车槽刀的主后面会与工件摩擦，造成切削困难，严重时还会折断刀具。

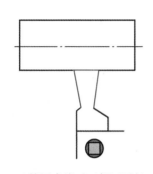

▲ 外圆素线对刀保证平行

▲ 切槽刀中心高的找正

（2）车槽的方法　见下表。

▼ 车槽的方法

加工内容	操作说明	图解	进刀路线
要求不高，宽度较窄	可用刀宽等于槽宽的车槽刀，采用直进法一次进给车出	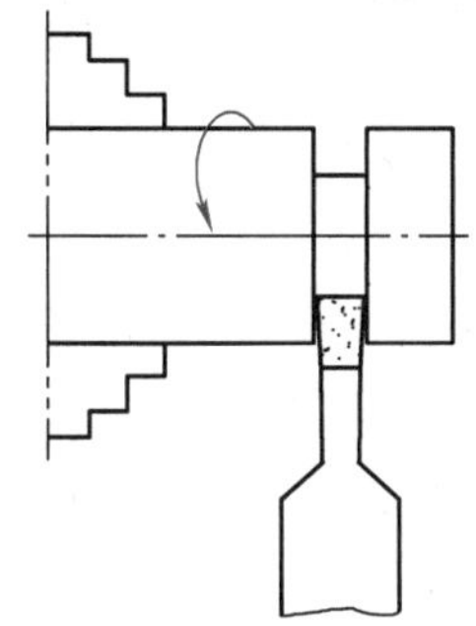	
精度要求高	一般采用两次进给完成。第一次进给车槽时，槽壁两侧留有精车余量，第二次进给时用等宽的车槽刀修整。也可用原车槽刀根据槽深和槽宽进行精车	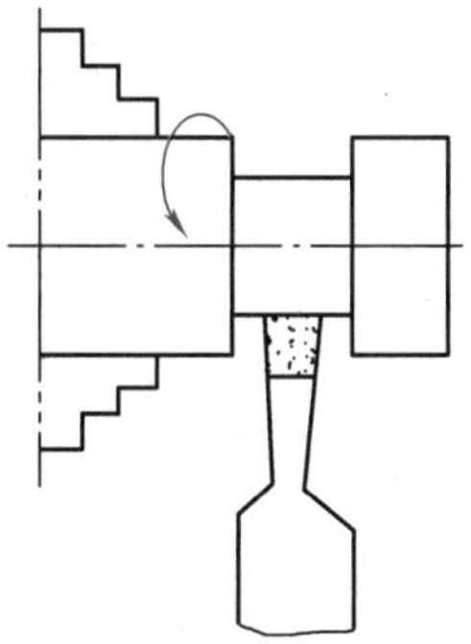	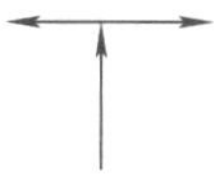

（续）

加工内容	操作说明	图解	进刀路线
宽槽	车削较宽的矩形槽时，可用多次直进法进行车削，并在槽壁两侧留有精车余量，然后根据槽深和槽宽精车至尺寸要求		
梯形槽	车削较小的梯形槽时，一般用成形刀一次车削完成；对于较大的梯形槽，通常先车削直槽，然后用梯形刀采用直进法或左右切削法车削完成		

提示：

　　1）车削时应根据槽宽刃磨出正确的车槽刀或是根据槽宽选择正确刀宽的车槽刀。

　　2）要看清图样尺寸，并仔细计算，切削时还应正确定位并认真测量。

　　3）车槽时，对留有磨削余量的工件，必须把余量考虑进去。

（3）沟槽的检查与测量　对于精度要求较低的沟槽，可用钢直尺直接测量；对于精度要求较高的沟槽，通常用千分尺、样板和游标卡尺测量。

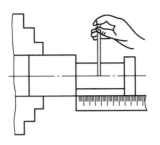

▲ 用钢直尺测量沟槽

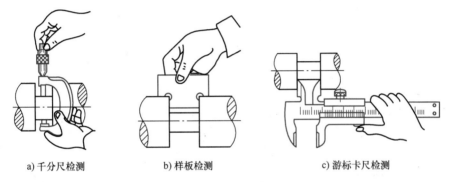

a) 千分尺检测　　　　　b) 样板检测　　　　　c) 游标卡尺检测

▲ 对精度要求较高的沟槽的检测

2. 切断

工件的切断方法见下表。

▼ 工件切断的方法

切断方法	说明	图解	进给路线	特点适用
直进法	垂直于工件轴线方向进行切断	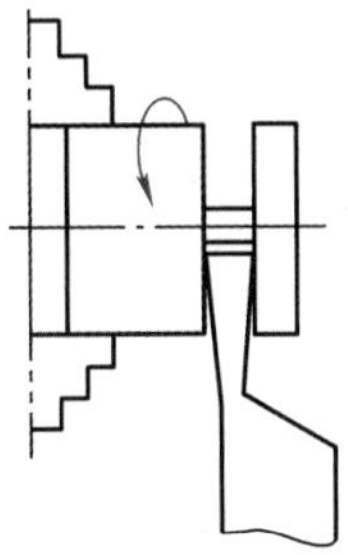		切断效率高，但对车床、切断刀的刃磨和安装都有较高的要求，否则容易造成刀头折断

（续）

切断方法	说明	图解	进给路线	特点适用
左右借刀法	切断刀在轴线方向反复地往返移动，随之两侧径向进给，直到工件切断	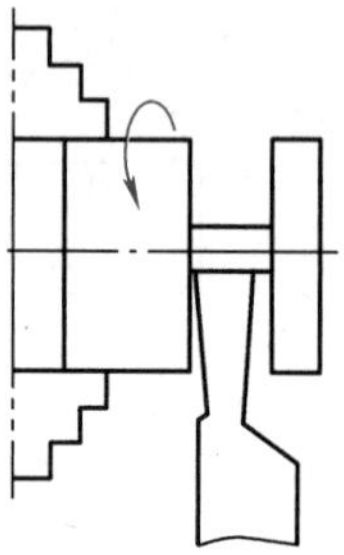	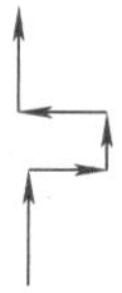	在刀具、工件以及车床刚性不足的情况下，可采用左右借刀法进行切断
反切法	反切法是指工件反转，车刀反向安装	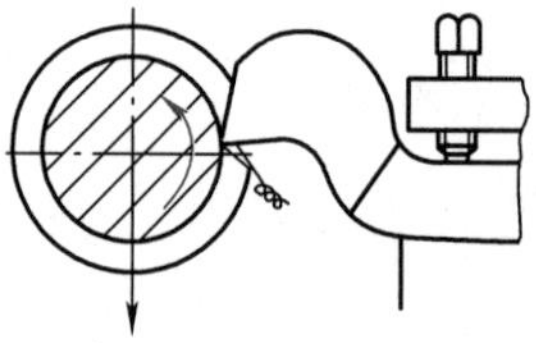		适用于较大工件的切断

为了使被切断的工件不带有小凸头，或带孔工件不留变形毛刺，可以将切断刀的主切削刃稍微磨斜一些。

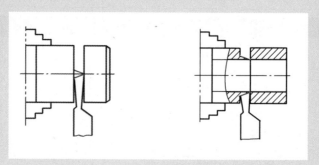

▲ 切断刀主刀刃磨成斜刃

对于直径较大的工件，不能直接切断完成，应留少许余量，最后折断或敲断。

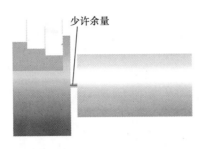

少许余量

▲ 不直接切断工件的情形

练一练: 按要求完成下图所示的工件的车削。

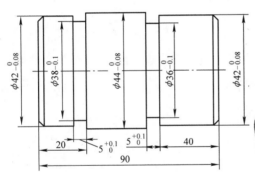

技术要求
1. 全部：$Ra3.2\mu m$。
2. 倒角：$C1$。
3. 材料准备：$\phi 45mm \times 92mm$。

$\phi 42^{\ 0}_{-0.08}$ $\phi 38^{\ 0}_{-0.1}$ $\phi 44^{\ 0}_{-0.08}$ $\phi 36^{\ 0}_{-0.1}$ $\phi 42^{\ 0}_{-0.08}$

20　$5^{+0.1}_{0}$　$5^{+0.1}_{0}$　40

90

▲ 练习工件

练习工件的加工方法与步骤见下表。

▼ 练习工件的加工方法与步骤

① 装夹工件	② 车外圆

▲ 夹持工件一端，找正、夹紧工件。伸出 55mm 左右，以保证能将工件大外圆和一台阶外圆同时车出	1）车端面（带白即可） 2）粗、精车 $\phi 44$ 外圆，长度大于 50mm，然后再加工 $\phi 42 \times 20$，至尺寸要求

63

（续）

③ 车槽	④ 倒角

▲ 选用刀头宽等于 5mm 的车槽刀车槽 5mm×φ38mm 至图样尺寸要求	▲ 换 45°车刀车倒角 C1
⑤ 调头	⑥ 控制总长

▲ 调头装夹 φ42mm×20mm 一端，找正、夹紧	▲ 车端面，控制总长 90mm 至图样要求
⑦ 车外圆	⑧ 车槽

▲ 粗、精车 φ42mm×45mm 至尺寸要求	▲ 换车槽刀车 5mm×φ38mm 槽至图样尺寸要求

（续）

⑧ 倒角

▲ 用45°车刀车倒角 *C*1

提示：

工件在调头装夹找正时，一定要找正已加工表面。

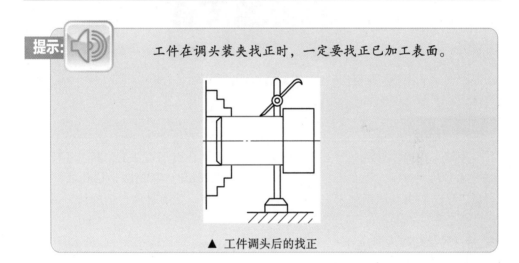

▲ 工件调头后的找正

第3章 套类工件的车削

很多机器零件不仅有外圆柱面，而且还有内圆柱面。一般情况下，通常采用钻孔、车孔、铰孔等方法来加工内圆柱面。

▲ 套类工件

3.1 钻孔

用钻头在实体材料上加工孔的方法称钻孔。钻孔属于粗加工，其尺寸精度一般可达 IT11 ~IT12，表面粗糙度 Ra 值为 12.5 ~25μm。麻花钻是钻孔最常用的刀具，它一般由高速钢制成。由于高速切削的发展，镶有硬质合金的钻头得到了广泛的应用。

3.1.1 麻花钻的刃磨

1. 麻花钻的几何形状

麻花钻是钻孔最常用的刀具，一般用高速钢制成，它由工作部分、空刀和柄部组成。

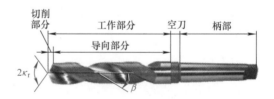

▲ 麻花钻的结构组成

由于高速切削的发展，镶硬质合金的麻花钻也得到了广泛的应用。

▲ 镶硬质合金的麻花钻

1）工作部分。工作部分是麻花钻的主要切削部分，由切削部分和导向部分组成。切削部分主要起切削作用；导向部分在钻削过程中能起到保持钻削方向、修光孔壁的作用，同时也是切削的后备部分。

2）空刀。直径较大的麻花钻在空刀标有麻花钻的直径、材料牌号与商标。直径较小的直柄麻花钻没有明显的空刀。

3）柄部。麻花钻的柄部在钻削时起夹持定心和传递转矩的作用。麻花钻的柄部有直柄和莫氏锥柄两种。

▲　麻花钻空刀的标记

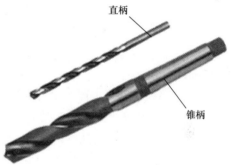

▲　麻花钻柄部的形式

直柄麻花钻的直径一般为 0.3 ~ 16mm，莫氏锥柄麻花钻的直径见下表。

▼ 莫氏锥柄麻花钻的直径

莫氏锥体号 （Morse No.）	No1	No2	No3	No4	No5	No6
钻头直径 d/mm	3 ~ 14	14 ~ 23.02	23.02 ~ 31.75	31.75 ~ 50.8	50.8 ~ 75	75 ~ 80

2. 麻花钻工作部分的几何形状

麻花钻的切削部分可看成是正反两把车刀，所以其几何角度的概念和车刀的基本相同，但也有其特殊性。

（1）螺旋槽　钻头的工作部分有两条螺旋槽，其作用是构成主切削刃、排除切屑和通入切削液。

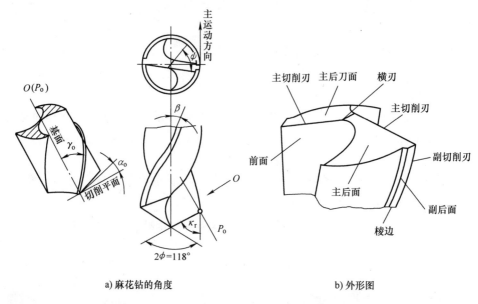

a) 麻花钻的角度　　　　　　　b) 外形图

▲　麻花钻工作部分的几何形状

（2）螺旋角　位于螺旋槽内不同直径处的螺旋线展开成直线后与钻头轴线都有一定夹角，这个夹角称为螺旋角，用符号 β 表示。越靠近钻头外缘处螺旋角就越大。标准麻花钻的螺旋角 β 在 18°～30° 之间。

钻头上的名义螺旋角是指麻花钻外缘处的螺旋角。

（3）前面　是指切削部分的螺旋槽槽面，切屑由此面排出。

（4）主后面　是指钻头的螺旋圆锥面，即与工件过渡表面相对的表面。

（5）主切削刃　是指前面与主后面的交线，担负着主要的切削工作。钻头有两个主切削刃。

（6）顶角　在通过麻花钻轴线并与两条主切削刃平行的平面上，两条主切削刃投影间的夹角称为顶角，用符号 2ϕ 表示。一般麻花钻的顶角 2ϕ 为 100°～140°，标准麻花钻的顶角 2ϕ 为 118°。当顶角为 118° 时，两条主切削刃为直线；当顶角大于 118° 时，两条主切削刃为凹曲线；当顶角小于 118° 时，两条主切削刃为凸曲线。顶角大，主切削刃短，定心就差，钻出的孔径就容易扩大；但顶角大时前角也增大，切削省力；顶角小时则相反。刃磨麻花钻时可依据下表大致判断顶角大小。

▼ 麻花钻顶角的大小对切削刃和加工的影响

顶角	$2\phi > 118°$	$2\phi = 118°$	$2\phi < 118°$
图示	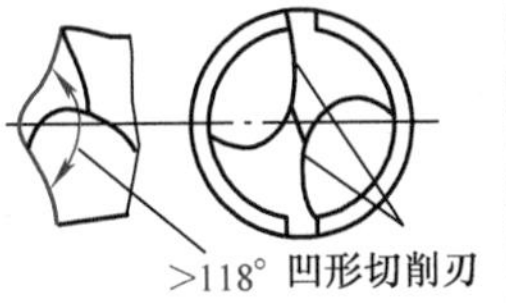 >118° 凹形切削刃	 118° 直线形切削刃	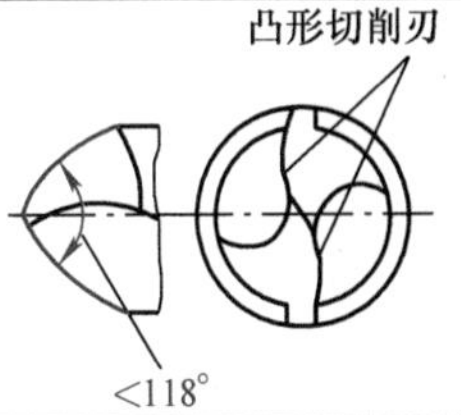 凸形切削刃 <118°
两主切削刃的形状	凹曲线	直线	凸曲线
对加工的影响	顶角大，则切削刃短、定心差，钻出的孔容易扩大；同时前角也增大，使切削省力	适中	顶角小，则切削刃长、定心准，钻出的孔不易扩大；同时前角也减小，使切削阻力大
适用的材料	适用于钻削较硬的材料	适用于钻削中等硬度的材料	适用于钻削较软的材料

（7）前角 主切削刃上任一点的前角是过该点的基面与前面之间的夹角，用符号 γ_o 表示。麻花钻前角的大小与螺旋角、顶角、钻心直径等因素有关，其中影响最大的是螺旋角。由于螺旋角随直径大小而改变，所以主切削刃各点的前角也是变化的，靠近边缘处前角最大，自外缘向中心逐渐减小，大约在麻花钻直径三分之一以内开始为负前角，前角的变化范围为 $-30° \sim 30°$。

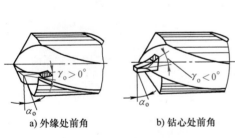

a) 外缘处前角   b) 钻心处前角

▲ 麻花钻前角的变化

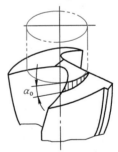

▲ 在圆柱面内测量后角

（8）后角 主切削刃上任一点的后角是该点切削平面与主后面之间的夹角，用符号 α_o 表示。后角也是变化的，靠近外缘处最小，接近中心处最大，其变化范围为 $8° \sim 14°$。实际后角应在圆柱面内测量出。

（9）横刃与横刃斜角 两个主后面的交线就是横刃，也就是两主切削刃的连接线。横刃太长，会使轴向力增大，对钻削不利；太短会影响钻尖强度。横刃与主切削刃在垂直于钻头轴线的端面内的投影所夹的角就是横刃斜角，用符号 ψ

表示。横刃斜角的大小与后角有关,后角增大时,横刃斜角减小,横刃也就变长。后角小时,情况相反。横刃斜角一般为55°。

(10)棱边 也称刃带,它既是副切削刃,也是麻花钻的导向部分。在切削中能保持确定的钻削方向、修光孔壁及作为切削部分的后备部分。为了减小切削过程中棱边与孔壁的摩擦,导向部分经常磨有倒棱。

3. 刃磨方法

麻花钻一般只刃磨两个主后面并同时磨出顶角、后角以及横刃斜角。

▼ 麻花钻的刃磨方法

序号	操作说明	图　示
1	刃磨前应检查砂轮表面是否平整,如果不平整或有跳动,则应先对砂轮进行修正	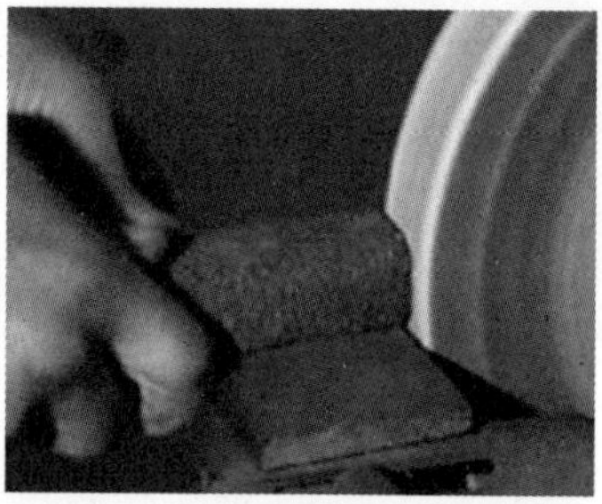
2	用右手握住麻花钻前端作支点,左手紧握麻花钻柄部,摆正麻花钻与砂轮的相对位置,使麻花钻轴线与砂轮外圆柱面素线在水平面内的夹角等于顶角的1/2,同时钻尾向下倾斜	
3	将钻头放置于砂轮中心平面以上,摆正钻头与砂轮的相对位置(使钻头轴线与砂轮外圆素线在水平内的夹角等于顶角的1/2,即为59°),同时钻尾向下倾斜	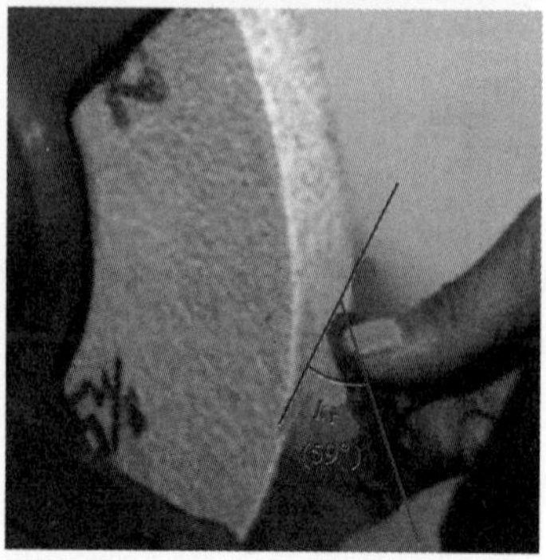

（续）

序号	操作说明	图　示
4	刃磨时，将切削刃逐渐靠向砂轮，见火花后，给钻头加一个向前的较小压力，并以钻头前端支点为圆心，左手缓慢使钻头作上下摆动并略带转动，同时磨出主切削刃和后面。但要注意摆动与转动的幅度和范围不能过大，以免磨出负后角或将另一条主切削刃磨坏。重复上述刃磨动作 4～5 次，即可刃磨好	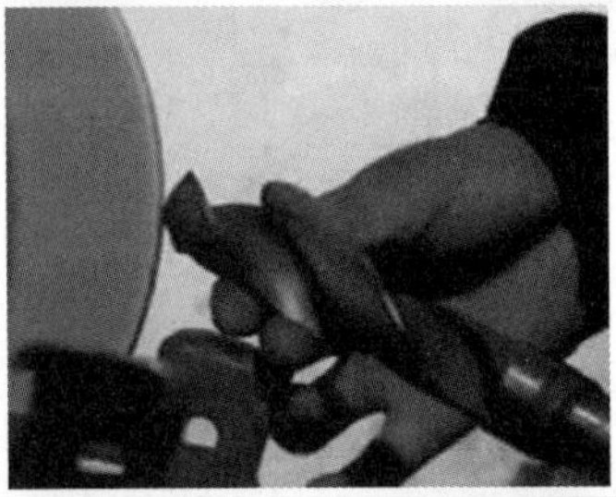
5	当一个主后面刃磨好后，将麻花钻转过 180°刃磨另一主后面。刃磨时，身体和手要保持原来位置的姿势。另外，两个主后面要经常交换刃磨，边磨边检查，直至符合要求为止	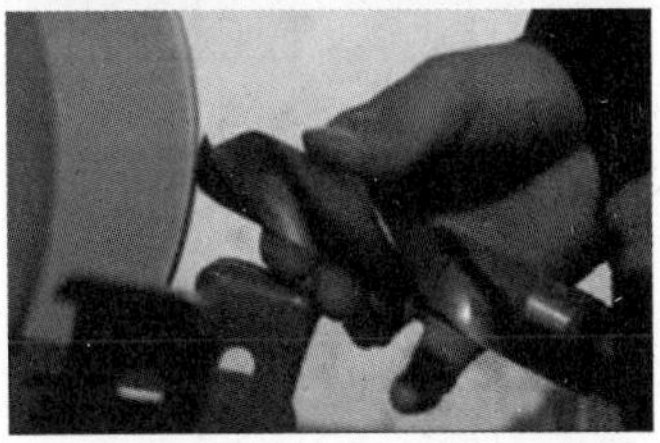

提示：

　　1）麻花钻在刃磨时应根据被加工的材料，刃磨出正确的顶角 2ϕ（在钻削一般中等硬度的钢和铸铁时，$2\phi = 116° \sim 118°$）。

　　2）两条主切削刃必须对称，即主切削刃的长度应相等，它们与轴线的夹角也应相等。主切削刃应成直线。

　　3）主切削刃和横刃应锋利，且不允许有钝口崩刃。

　　4）麻花钻在刃磨过程中，要经常检测。检测时可采用目测法，即把刃磨好的麻花钻垂直竖在与眼等高的位置上，转动钻头，交替观察两条主切削刃的长短、高低以及后角等。如果不一致，则必须进行修磨，直到一致为止。也可采用角度尺检测。

▲ 目测法检测麻花钻刃磨情况

▲ 用角度尺检测

麻花钻刃磨得好坏，直接影响钻孔的质量。

▼ **麻花钻刃磨情况对钻孔质量的影响**

刃磨情况		图示	使用	影响
正确		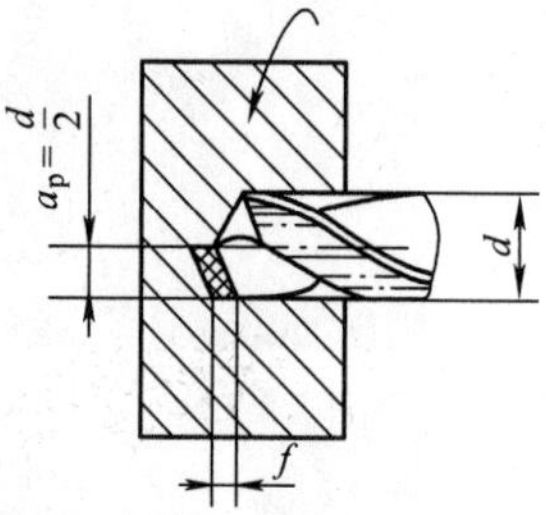	钻削时两条主切削刃同时切削，两边受力平衡，使钻头磨损均匀	钻孔正常
不正确	顶角不对称	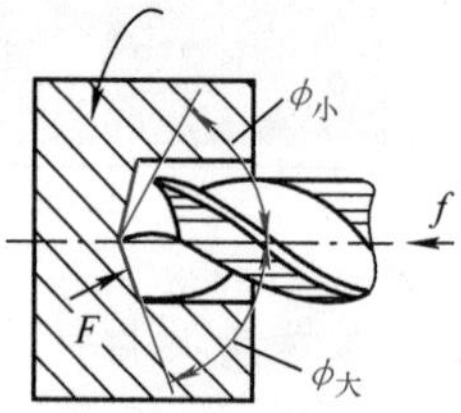	钻削时只有一条切削刃切削，另一条不起作用，两边受力不平衡，使钻头很快磨损	钻出的孔扩大和倾斜
	切削刃长度不等	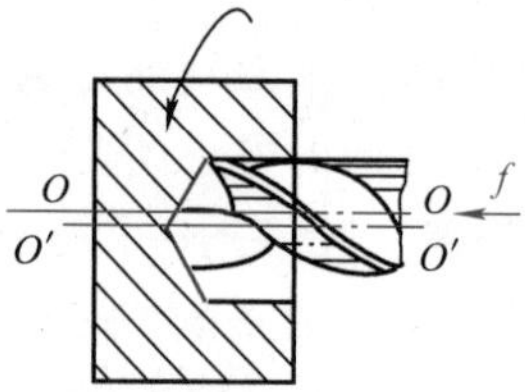	钻削时，麻花钻的工作中心由 $O—O$ 移到 $O'—O'$，切削不均匀，使钻头很快磨损	钻出的孔径扩大
	顶角不对称、刃长不等	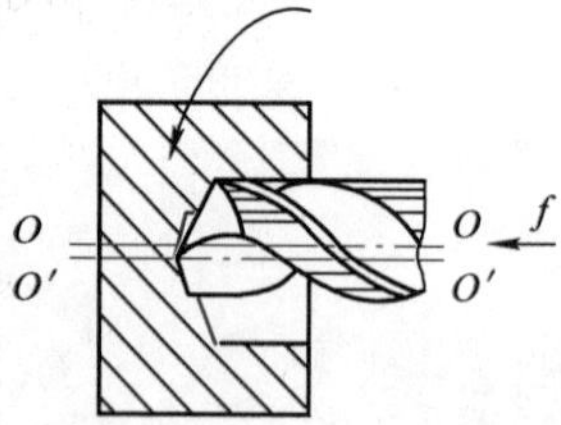	钻削时两条主切削刃受力不平衡，而且麻花钻的工作中心由 $O—O$ 移到 $O'—O'$，使钻头很快磨损	钻出的孔径不仅扩大而且还会产生台阶

4. 麻花钻的修磨

由于麻花钻在结构上存在很多缺点，因而麻花钻在使用时，应根据工件材料、加工要求，采用相应的修磨方法进行修磨。麻花钻的修磨内容主要有三个方面。

▼ 麻花钻的修磨

修磨内容		说明	图示
横刃的修磨	磨去整个横刃	加大该处前角，使轴向力降低，但钻心强度弱，定心不好，只适用于加工铸铁等强度较低材料的工件	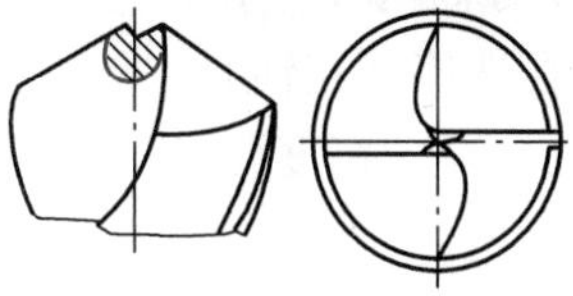
	磨短横刃	主要是减小横刃造成的不利影响，且在主切削刃上形成转折点，有利于分屑和断屑	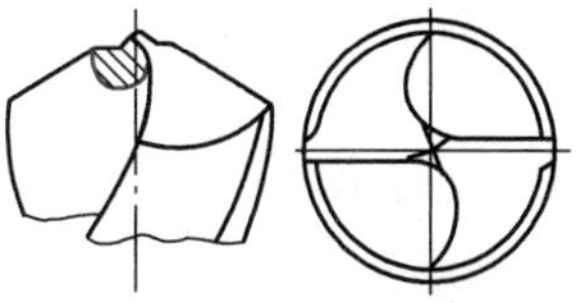
	加大横刃前角	横刃长度不变，将其分成两半，分别磨出 0°~5° 前角，主要用于钻削深孔。但修磨后钻尖强度低，不宜钻削硬材料	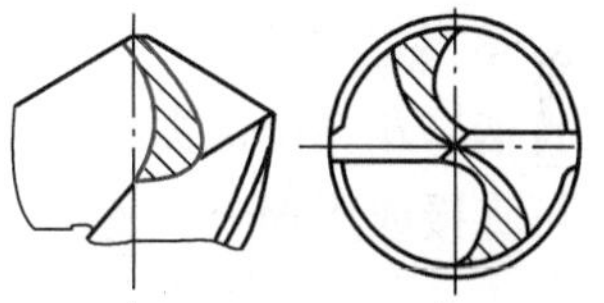
	综合刃磨	这种方法不仅有利于分屑、断屑，增大了钻心部分的排屑空间，还能保证一定的强度	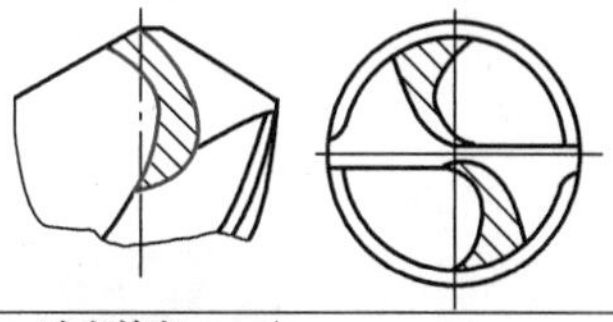
前面的修磨	修磨外缘处的前角	工件材料较硬时，就需修磨外缘处前角，主要是为了减小外缘处的前角	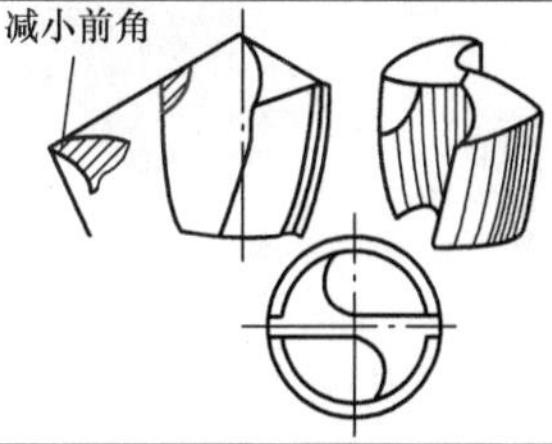
	磨横刃处前角	工件材料较软时需修磨横刃处前角	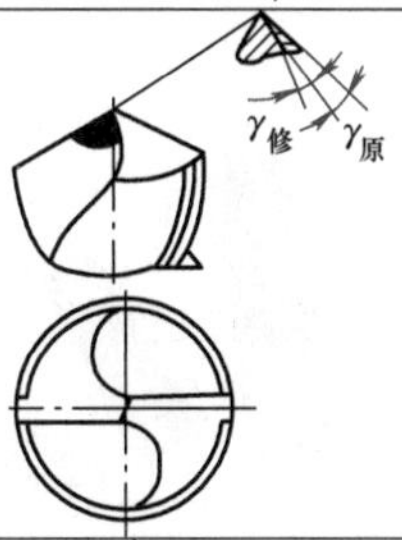
双重刃磨		在钻削加工时，钻头外缘处的切削速度最高，磨损也就最快，因此可磨出双重顶角，这样可以改善外缘处转角的散热条件，增加钻头强度，并可减小孔的表面粗糙度值	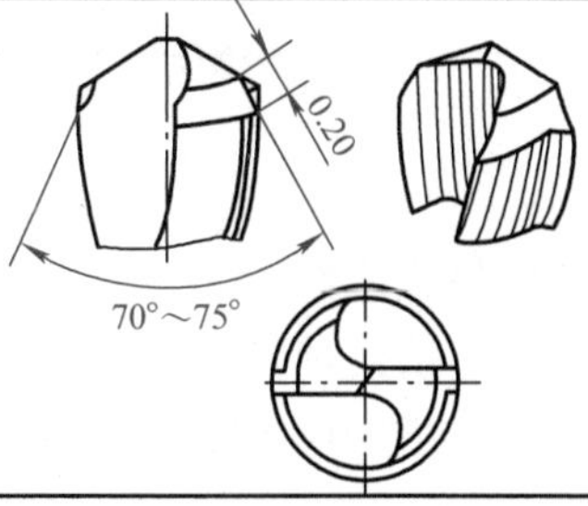

3.1.2 钻孔的方法

1. 麻花钻的选用

在选用麻花钻时主要考虑麻花钻的直径和长度两个参数。

1）对于精度要求不高且孔径不大的内孔，可选用与内孔直径一致的麻花钻直接钻出。

2）对于精度要求较高的内孔，在选用麻花钻时应留出下道工序的加工余量。

3）选择麻花钻长度时，一般应使麻花钻螺旋槽部分略长于工件孔深；麻花钻过长则刚性较差，不利于钻削，过短又会使排屑困难，也不宜钻穿孔。

2. 麻花钻的安装

直柄麻花钻用钻夹头直接装夹，再将钻夹头的锥柄插入尾座锥孔内；锥柄麻花钻可直接或用 Morse 变径套过渡插入尾座锥孔中。

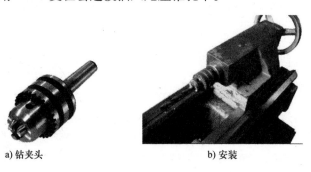

a) 钻夹头　　　　　　　　　　　　　b) 安装

▲ 直柄麻花钻的安装

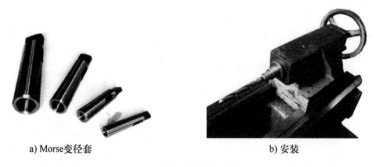

a) Morse变径套　　　　　　　　　　b) 安装

▲ 锥柄麻花钻的安装

3. 钻孔操作

（1）钻孔时切削用量与切削液的选择

1）切削用量的选用。切削用量包括三个要素：

① 背吃刀量。用符号 a_p 表示，钻孔时的背吃刀量为麻花钻的半径，即

$$a_p = \frac{d}{2}$$

式中　a_p——背吃刀量（mm）；

　　　d——麻花钻的直径（mm）。

② 切削速度。用符号 v_c 表示，可按下式计算

$$v_c = \frac{\pi dn}{1000}$$

式中　v_c——切削速度（mm/min）；

　　　d——麻花钻直径（mm）；

　　　n——车床转速（r/min）。

③ 进给量。用符号 f 表示。在车床上钻孔时的进给量是通过用手转动尾座手轮来实现的。用小直径麻花钻钻孔时，进给量太大会使麻花钻折断。

用直径为 12 ~ 15mm 的麻花钻钻钢料时，$f = 0.15 ~ 0.35$ mm/r；钻铸件时，进给量略大一些，一般 $f = 0.15 ~ 0.4$ mm/r。

2）切削液的选用。钻孔时切削液的选用见下表。

▼ 钻孔时切削液的选用

麻花钻的种类	被钻削的材料		
	低碳钢	中碳钢	淬硬钢
高速钢麻花钻	用质量分数为 1% ~ 2% 的低浓度乳化液、电解质水溶液或矿物油	用质量分数为 1% ~ 2% 的低浓度乳化液或极压切削油	用极压切削油
硬质合金麻花钻	一般不用，如用可选质量分数为 3% ~ 5% 的中等浓度的乳化液		用质量分数为 10% ~ 20% 的低浓度乳化液或极压切削油

（2）钻孔的操作步骤　钻孔的操作步骤为：

1）钻孔前应将工件端面车平，中心处不允许留有凸头，否则不利于麻花钻的定心。

2）找正尾座，使麻花钻中心对准工件旋转中心。

3）用细长麻花钻钻孔时，为防止麻花钻晃动，可在刀架上夹一挡铁，以支撑麻花钻头部来帮助麻花钻定心。

▲ 用挡铁支撑麻花钻

4）在实体材料上钻孔时，小径孔可一次钻出，若孔径超过 30mm，不宜一次钻出。最好先用小直径麻花钻钻出底孔，再用大麻花钻钻出所需尺寸孔径，一般情况下，钻底孔用麻花钻直径为第二次钻孔直径的 0.5 ~ 0.7 倍。

5）钻不通孔与钻通孔的方法基本相同，不同的是钻不通孔时需要控制孔的深度。具体的操作方法有：

① 对于有刻度的尾座，可利用尾座刻度盘控制孔深。

尾座刻度盘

麻花钻　变径套　套筒　记号

▲ 利用尾座刻度盘控制孔深　　　　　　▲ 在尾座套筒上做记号

② 对无刻度的尾座，则利用尾座手轮圈数控制孔深。CA6140 型卧式车床尾座手轮每转一圈，尾座套筒伸出 5mm。

③ 可在尾座套筒上做记号来控制孔深。

提示：

    1）钻孔时，应保证麻花钻轴线与工件旋转轴线相重合，否则钻削时会使钻头折断。

    2）钻孔时，工件端面不能留有凸头。

    3）当麻花钻起钻或快钻穿孔时，手动进给要缓慢，以防麻花钻折断。

    4）在钻削过程中，要经常退出麻花钻清除切屑，以免切屑堵塞在孔内造成麻花钻被"咬死"或折断。

    5）在钻削钢料时必须浇注切削液，但在钻削铸件时可不用切削液。

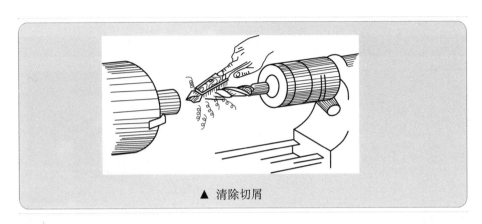

▲　清除切屑

练一练: 按要求完成下图所示工件的钻孔工作。

技术要求

1. 全部: *Ra* 3.2 μm。
2. 材料准备: φ50mm×50mm。

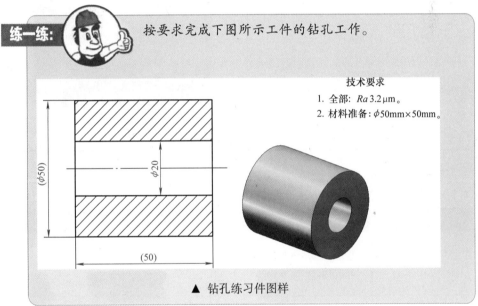

▲　钻孔练习件图样

钻孔练习件加工的步骤见下表。

▼ 钻孔练习件加工的步骤

步骤	操作说明	图　示
车端面	工件用自定心卡盘装夹,保证伸出长度大于 30mm,用 45°车刀将工件端面车平	

（续）

步骤	操作说明	图　示
钻孔	将 φ20mm 麻花钻用 Morse 变径套过渡安装在尾座上	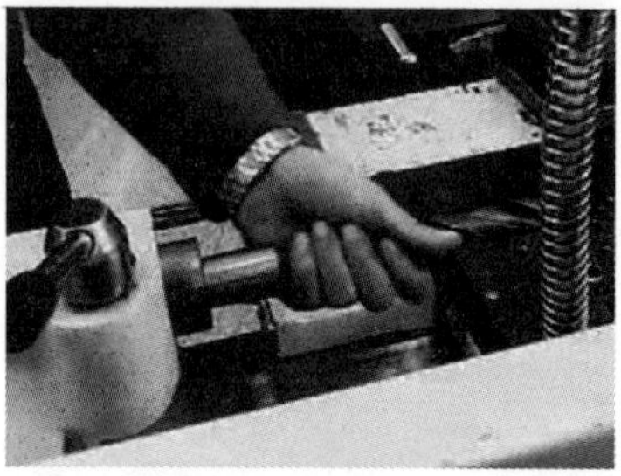
	选用合适的切削用量，用麻花钻钻孔	

4. 钻孔质量分析

▼ 钻孔时常见的质量问题及其产生原因和预防方法

质量问题	产生原因	预防方法
孔扩大	1. 钻头的顶角刃磨不正确 2. 钻头的轴线与工件轴线不重合	1. 重磨钻头 2. 调整尾座水平位置，使它的轴线与工件轴线重合
孔歪斜	1. 工件端面不平或与工件轴线不垂直 2. 钻头刚性差，进给量过大	1. 车平端面 2. 减小进给量
孔借位	1. 钻头顶点偏移，使顶点不在钻头轴线上 2. 尾座偏离中心	1. 重磨钻头 2. 调整找正尾座

3.2　车孔

3.2.1　内孔车刀的刃磨

1. 内孔车刀的几何结构

内孔的车削方法基本上和车外圆相同，但内孔车刀和外圆车刀相比有差别。

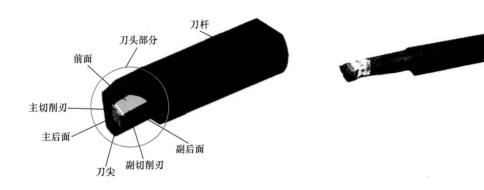

▲ 内孔车刀的结构

根据不同的加工情况，内孔车刀可分为通孔车刀和不通孔车刀两种。

▼ 内孔车刀

车刀类型		通孔车刀	不通孔车刀
图解		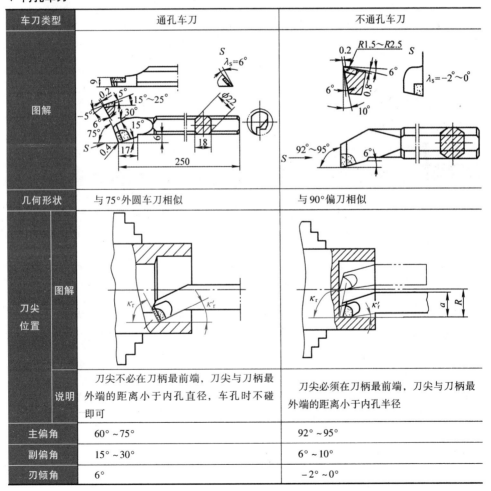	
几何形状		与75°外圆车刀相似	与90°偏刀相似
刀尖位置	图解		
	说明	刀尖不必在刀柄最前端，刀尖与刀柄最外端的距离小于内孔直径，车孔时不碰即可	刀尖必须在刀柄最前端，刀尖与刀柄最外端的距离小于内孔半径
主偏角		60°～75°	92°～95°
副偏角		15°～30°	6°～10°
刃倾角		6°	−2°～0°

79

提示：　　内孔车刀可以做成整体式。为节省刀具材料和增加刀杆强度，也可以用高速钢或硬质合金做成较小的刀头，安装在由碳素钢或合金钢做成的刀杆前端的方孔中，并在顶端或上面用螺钉固定。

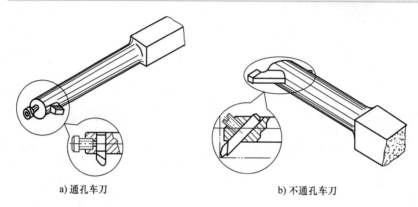

　　　　a) 通孔车刀　　　　　　　　　　　　　　b) 不通孔车刀

▲ 内孔车刀的结构

2. 内孔车刀卷屑槽方向的选择

内孔车刀卷屑槽方向应根据不同的情况加以刃磨。

▼ 内孔车刀卷屑槽方向的选择

主偏角角度	卷屑槽刃磨位置	图解	适用场合
$\kappa_r < 90°$	在主切削刃方向上刃磨卷屑槽		能使切削刃锋利，切削轻快，且在背吃刀量较大的情况下，仍能保持良好的切削稳定性 适用于粗车
	在副切削刃方向上刃磨卷屑槽		在背吃刀量较小的情况下能获得较好的表面质量
$\kappa_r > 90°$	在其主切削刃方向上刃磨卷屑槽		适用于纵向切削，且背吃刀量不能太大，否则切削稳定性不好，刀尖也极易损坏
	在其副切削刃方向上刃磨卷屑槽		适用于横向切削

3. 刃磨方法

▼ 内孔车刀的刃磨方法

① 粗磨前面	② 粗磨主后面
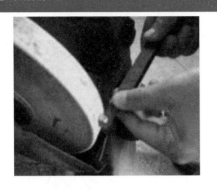 ▲ 左手握住刀头，右手握住刀杆，主后面向上，左右移动刃磨	 ▲ 粗磨主后面。左手握住刀头，右手握住刀杆，前面向上，主后面与砂轮接触，左右移动刃磨
③ 粗磨副后面	④ 刃磨卷屑槽
 ▲ 右手握住刀头，左手握住刀杆，前面向上，副后面与砂轮接触，左右移动刃磨	 ▲ 右手握住刀头，左手握住刀杆，前面与砂轮接触，上下移动刃磨

⑤ 精磨前面、主后面、副后面。按上述方法精磨出内孔车刀各面。

提示：

1）刃磨卷屑槽前应先修整砂轮边角。

2）卷屑槽不宜刃磨过深，以防车孔时排屑困难。

3.2.2 内孔的车削

1. 内孔车刀的安装

为保证加工的安全和产品质量，安装内孔车刀时应注意：

1）利用尾座顶尖使内孔车刀刀尖对准工件中心。

2）刀杆应与内孔轴线基本平行。

▲ 车刀对准工件中心的方法

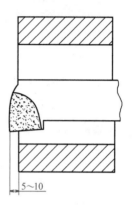

▲ 刀杆伸出长度

3）刀杆伸出长度尽可能短一些，一般比被加工孔长 5～10mm。

4）对于不通孔车刀，则要求其主切削刃与平面成 3°～5°的夹角，横向应有足够的退刀空间。

5）车孔前应先将内孔车刀在孔内试车一遍，以防止车到一定深度后刀杆与孔壁相碰。

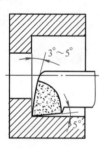

▲ 不通孔车刀的安装

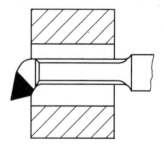

▲ 检查刀柄与内孔接触情况

2. 车孔的方法

（1）车孔的关键技术　车孔的关键技术是增加内孔车刀的刚性和解决排屑问题。

▼ 车孔的关键技术

解决方法	说明	图示
增加刀杆的截面面积	一般内孔车刀的刀尖位于车刀刀杆的上面，这样刀杆的截面面积较小，还不到孔截面面积的1/4；若使内孔车刀的刀尖位于刀杆中心线之上，那么刀杆在内孔中的截面面积就大大增加了	刀尖位于刀杆之上 刀尖位于刀杆之下
增加车刀刚性·刃磨两个后角	内孔车刀的后角如果刃磨成一个大后角，则刀杆的截面面积也减小；如果刃磨成两个后角，则既可以防止内孔车刀的后面与孔壁摩擦，又可使刀杆的截面面积增大	一个后角 α_o 两个后角 α_{o1} α_{o2}
缩短刀杆伸出长度	车削内孔时，如果刀杆伸出太长，就会降低刀杆的刚性，加工时容易引起振动。为此，车削时应注意内孔车刀的伸出长度，此外，也可将刀杆上下两平面做成互相平行，且把刀杆做得很长，根据不同的孔深来调节刀杆的伸出长度。调节时只需使刀杆的伸出长度大于孔深即可，这样有利于使刀杆以最大刚性的状态车削工件	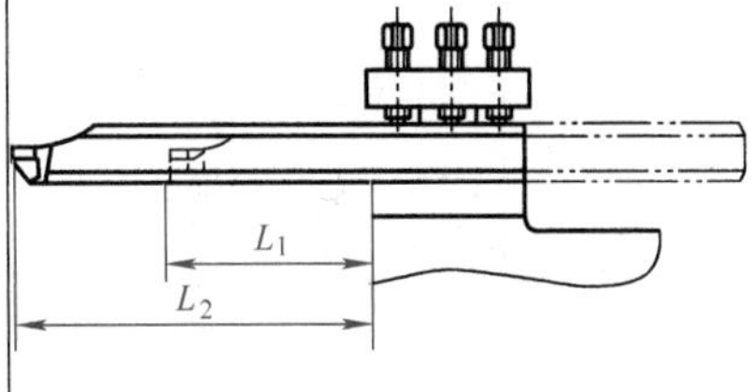 L_1 L_2
解决排屑问题	解决排屑问题主要是控制切屑流出的方向。精车内孔时，要求切屑流向待加工表面，为此就必须采用正刃倾角的内孔车刀。但在车削不通孔时，则要求采用负刃倾角的内孔车刀，以使切屑从孔口排出	前排屑 $\lambda=+6°$ 后排屑 $\lambda=0\sim-2°$

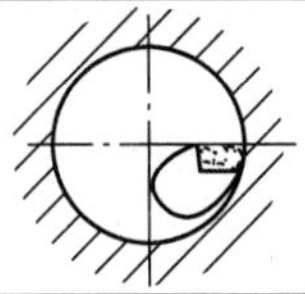

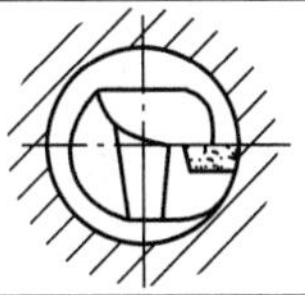

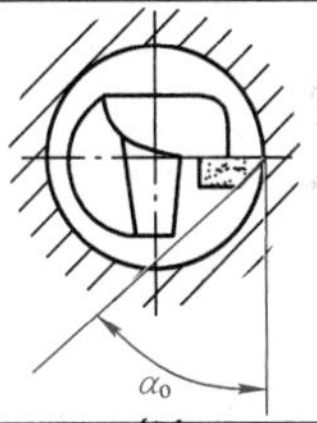

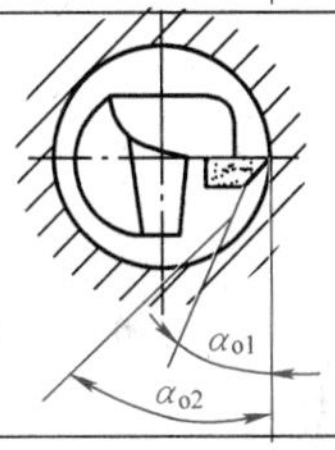

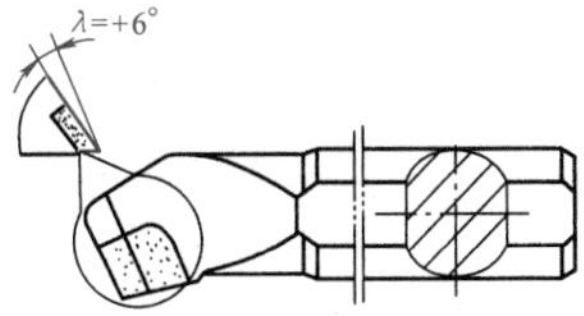

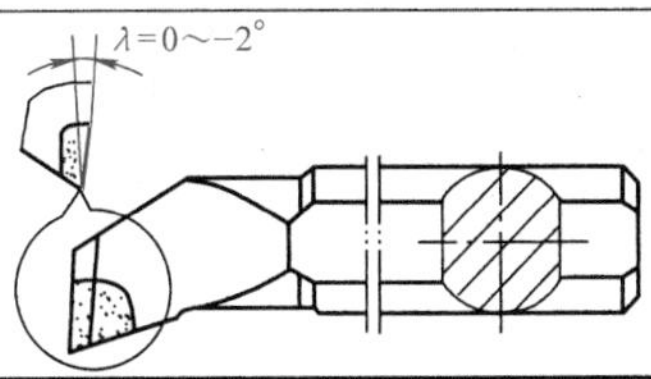

（2）车削方法　内孔的结构形式不同，其车削的方法也不一样，具体的操作见下表。

▼ 内孔的车削方法

车削类型	图示	进给路线	操作方法说明
车通孔	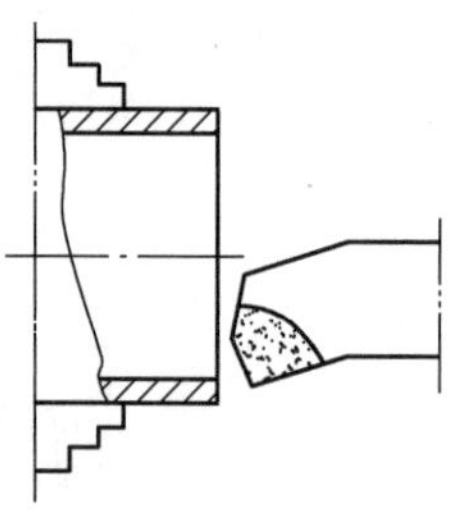	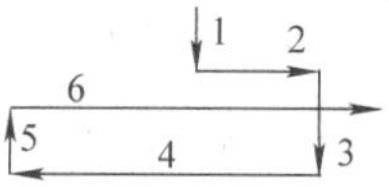 1（对刀）→2（退刀至孔口）→3（调整背吃刀量）→4（车削内孔）→5（退刀）→6（退出孔内）	通孔的车削与车外圆基本相同，只是进退刀方向相反。在粗车或精车时也在进行试车削，其横向进给余量为径向余量的一半。当车刀纵向车削至3mm左右时，纵向快速退刀，然后停车测量，根据测量结果，调整背吃刀量，再次进给试车削，直至符合要求
车台阶孔	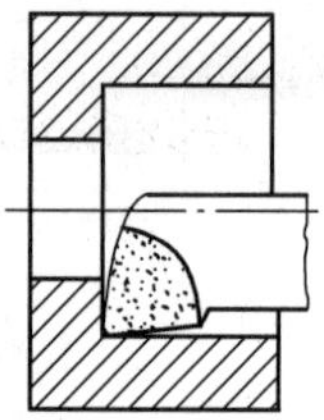	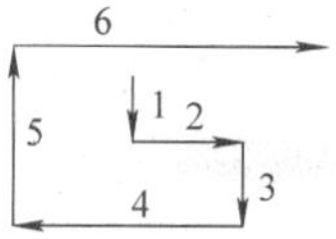 1（对刀）→2（退刀至孔口）→3（调整背吃刀量）→4（车削内孔）→5（车内台阶）→6（退出孔内）	1. 车直径较小的台阶孔时，常采用先粗、精车小孔，再粗、精车大孔的方法进行 2. 车大台阶孔时，常采用先粗车大孔和小孔，再精车大孔和小孔的方法 3. 车削孔径相差悬殊的台阶孔时，采用主偏角小于90°的内孔车刀先进行粗车，然后用偏刀精车至尺寸要求 4. 通常采用在刀杆上做记号或安放限位铜片的方法，以及用床鞍刻度盘的刻线来控制尺寸
车平底孔	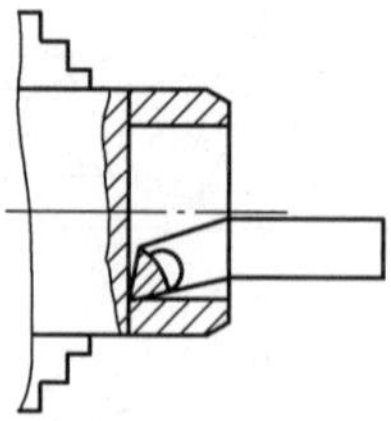	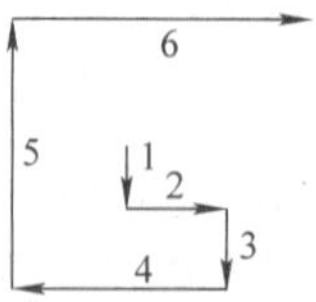 1（对刀）→2（退刀至孔口）→3（调整背吃刀量）→4（车削内孔）→5（车内底平面）→6（退出孔内）	1. 选择比孔径小2mm的麻花钻进行钻孔 2. 通过多次进刀，将孔底的锥形基本车平 3. 粗车内孔（留精车余量），每次车至孔深时，车刀先横向往孔的中心退出，再纵向退出孔外 4. 精车内孔及底平面至尺寸要求

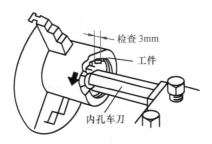

▲ 内孔的试车削

▲ 在刀杆上做记号控制台阶孔尺寸

▲ 安装限位铜片控制台阶孔尺寸

内孔在粗车时一般采用游标卡尺进行测量，精车时则采用百分表测量。

▲ 用游标卡尺测量内孔

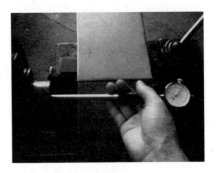

▲ 用百分表测量内孔

1）对于尺寸精度要求不高的台阶孔，也可采用床鞍刻度盘的刻线来控制孔深。

床鞍刻度盘

▲ 利用床鞍刻度盘来控制孔深

2）对于尺寸精度要求较高的台阶孔，精车时应采用小滑板刻度盘的刻线来控制孔深，并用游标卡尺等量具来测量。

3）车孔时工件不能夹得过紧，否则会产生等直径变形。在能保证加工顺利进行的前提下，用手扳动卡盘扳手夹紧即可。

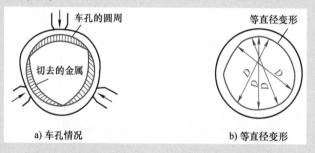

车孔的圆周

切去的金属

等直径变形

a) 车孔情况

b) 等直径变形

▲ 工件的等直径变形

4）在车大台阶孔时，在便于测量小孔尺寸而视线又不受影响的前提下，一般先粗车大孔和小孔，再精车小孔和大孔。但因观察困难且尺寸精度不易掌握时，通常先粗、精车小孔，再粗、精车大孔。

5）车孔时，精车的次数不宜过多，以防工件产生冷硬层。

练一练： 按要求完成下图所示工件的车孔工作。

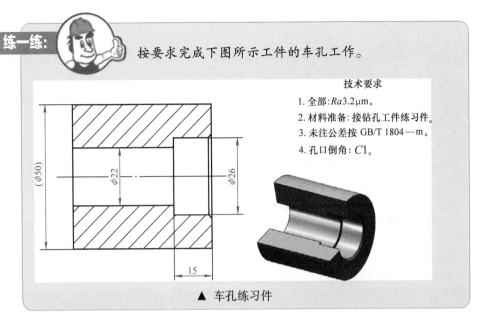

技术要求
1. 全部：$Ra3.2\mu m$。
2. 材料准备：接钻孔工件练习件。
3. 未注公差按 GB/T 1804—m。
4. 孔口倒角：$C1$。

$\phi22$　$\phi26$　$(\phi50)$　15

▲ 车孔练习件

车孔练习件加工的步骤见下表。

▼ 车孔练习件加工的步骤

① 装刀	② 车小孔
 ▲ 选用不通孔车刀并将其安装在刀架上	 ▲ 选用合适的背吃刀量，试车削后，将 $\phi22mm$ 小孔车至尺寸要求
③ 车台阶孔	
 ▲ 利用钢直尺，用粉笔在车刀上做记号	 ▲ 车 $\phi26mm \times 15mm$ 台阶孔至尺寸要求，并孔口倒角 $C1$

提示：　　　　台阶孔深度不可一次性车削完成，应留0.5~1mm的精加工余量，并要多次用游标卡尺进行测量。

▲ 用游标卡尺测量台阶孔深度

3. 车孔质量分析

▼ 车孔时常见的质量问题及其产生原因和预防方法

质量问题	产生原因	预防方法
孔的尺寸大	1. 车孔时，没有仔细测量 2. 铰孔时，主轴转速太高，铰刀温度上升，切削液供应不足 3. 铰孔时，铰刀尺寸大于要求，尾座偏移	1. 仔细测量和进行试车削 2. 降低主轴转速，加注充足的切削液 3. 检查铰刀尺寸，找正尾座轴线，采用浮动套筒
孔的圆柱度超差	1. 车孔时，刀柄过细，刀刃不锋利，造成让刀现象，使孔径外大内小 2. 车孔时，主轴中心线与导轨不平行 3. 铰孔时，由于尾座偏移等原因使孔口扩大	1. 增加刀柄刚度，保持车刀锋利 2. 调整主轴轴线与导轨的平行度 3. 找正尾座，或采用浮动套筒
孔的表面粗糙度值大	1. 车孔与车轴类工件表面粗糙度达不到要求的原因相同，其中内孔车刀磨损和刀柄产生振动尤其突出 2. 铰孔时，铰刀磨损或切削刃上有崩口、毛刺 3. 铰孔时，切削液和切削速度选用不当，产生积屑瘤 4. 铰孔余量不均匀和铰孔余量过大或过小	1. 要保持车刀的锋利和采用刚度较高的刀柄 2. 修磨铰刀后保管好，以防碰毛 3. 铰孔时，采用5m/min以下的切削速度，并正确选用和加注切削液 4. 正确选择铰孔余量

（续）

质量问题	产生原因	预防方法
同轴度和垂直度超差	1. 用一次装夹方法车削时，工件移位或车床精度不高 2. 用软卡爪装夹时，软卡爪没有车好 3. 用心轴装夹时，心轴中心孔碰毛，或心轴本身同轴度超差	1. 将工件装夹牢固，减小切削用量，调整车床精度 2. 软卡爪应在车床上车出，直径与工件装夹尺寸基本相同 3. 心轴中心孔应保护好，如碰毛可研修中心孔，如心轴弯曲可校直或更换

3.3 车内沟槽

内沟槽的种类有很多，常见的有：退刀槽、轴向定位槽、油气通道槽及内 V 形槽等。

▼ 常见内沟槽的种类、结构、作用

种类	退刀槽	轴向定位槽	油气通道槽	内 V 形槽（密封槽）
结构				
作用	在车螺纹、车孔、磨削外圆和内孔时作退刀用	在适当位置的轴向定位槽中嵌入弹性挡圈，以实现滚动轴承等的轴向定位	在液压或气动滑阀中车出内沟槽，用以通油或通气	在内 V 形槽内嵌入油毡，起防尘作用并防止轴上的润滑剂溢出

3.3.1 内沟槽车刀的刃磨

1. 内沟槽车刀的结构形式

内沟槽车刀与切断刀的几何形状相似，只是装夹方向相反，且内沟槽车刀是在内孔中车槽。加工小孔中的内沟槽车刀做成整体式。在大直径内孔中车内沟槽的车刀可做成车槽刀刀体，然后装夹在刀柄上使用。由于内沟槽通常与孔轴线垂直，因此要求内沟槽车刀的刀体与刀柄轴线垂直。

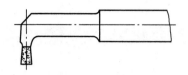

▲ 整体式内沟槽车刀

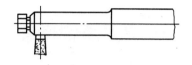

▲ 装夹式内沟槽车刀

2. 内沟槽车刀的几何角度

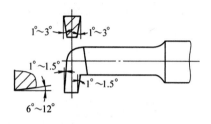

▲ 直内沟槽车刀的几何角度

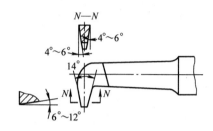

▲ 梯形内沟槽车刀的几何角度

3. 内沟槽车刀的刃磨

（1）刃磨要求　刃磨要求有：

1）内沟槽一般与工件轴线垂直，因此要求内沟槽车刀刀头和刀杆也垂直。

2）内沟槽为成形车削，因而内沟槽车刀刀头部分的形状应和内沟槽一样。

3）内沟槽车刀两侧副切削刃与主切削刃应对称，这样才有利于车刀的装夹。

4）内沟槽车刀的刃磨方法基本上与内孔车刀的刃磨方法相同，只是几何角度不同而已。

5）要保持切削刃的平直，无崩口，且角度要正确。

6）采用装夹式内沟槽车刀车槽时，应满足

$$a > h \text{ 和 } d + a < D$$

式中　D——内孔直径（mm）；

　　　d——刀杆直径（mm）；

　　　h——槽深（mm）；

　　　a——刀头伸出长度（mm）。

（2）刃磨方法　内沟槽形状是否正确，取决于内沟槽车刀的刃磨情况。因此内沟槽

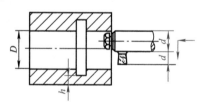

▲ 内沟槽车刀的几何参数要求

车刀在刃磨时应注意切削刃的平直和角度的正确性。内沟槽车刀的刃磨方法和步骤为：

1）粗磨前面。

2）粗磨主、副后面，使刀头基本成形。

▲ 粗磨前面

▲ 粗磨主后面

3）精磨前面和主、副后面（方法同上）。

4）修磨刀尖圆弧。

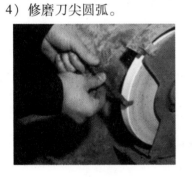

▲ 粗磨副后面

▲ 修磨刀尖圆弧

3.3.2　内沟槽的车削

1. 车刀的安装

其要求如下：

1）装刀时，内沟槽车刀的主切削刃应与沟槽底平面平行。

2）应使主切削刃与内孔中心等高或略高。

3）两侧副偏角必须对称。

2. 内沟槽的车削方法

车内沟槽与车外沟槽方法相似，其操作方法见下表。

▼ 内沟槽的车削方法

内容	图示	操作说明
确定车削内沟槽的定位尺寸	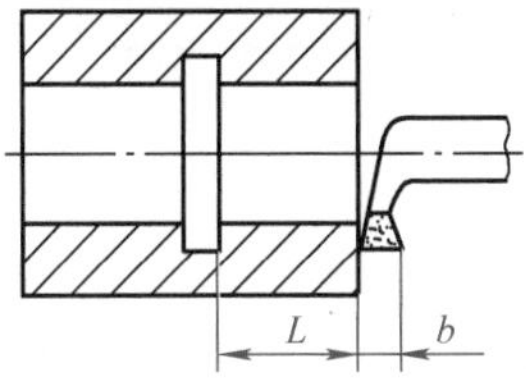	移动床鞍和中滑板使内沟槽车刀接近工件端面，再移动小滑板使内沟槽车刀主切削刃与工件端面轻轻接触，将床鞍刻度盘调至"0"位。移动床鞍，使车刀进入孔内，进入的深度应为槽的定位尺寸 L 加上车刀主切削刃的宽度 b

（续）

内容	图示	操作说明
车窄内沟槽	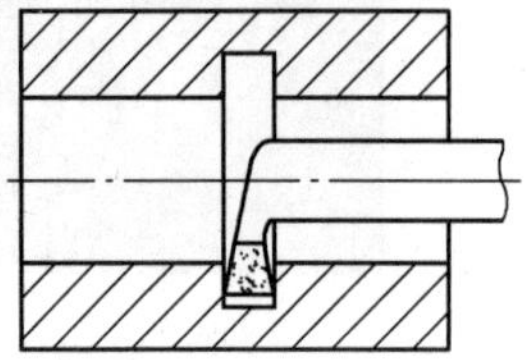	内沟槽车刀主切削刃的宽度和内沟槽宽度一致，直接车出
车宽内沟槽	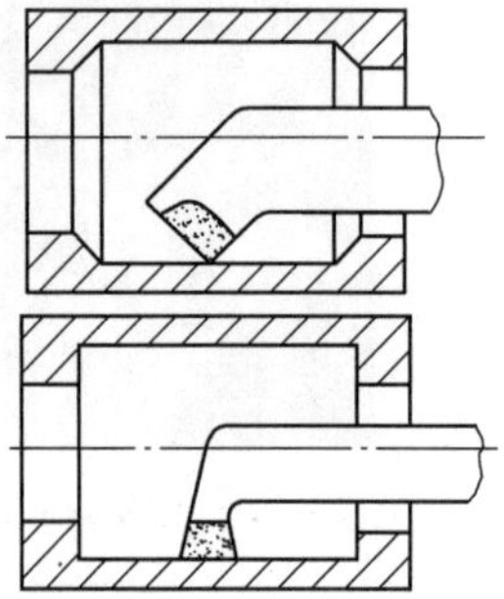	先用通孔车刀粗车内沟槽，再用内沟槽车刀将内孔槽两侧的斜面精车成直角，且保证内沟槽孔径尺寸精度与表面粗糙度要求
车梯形内沟槽	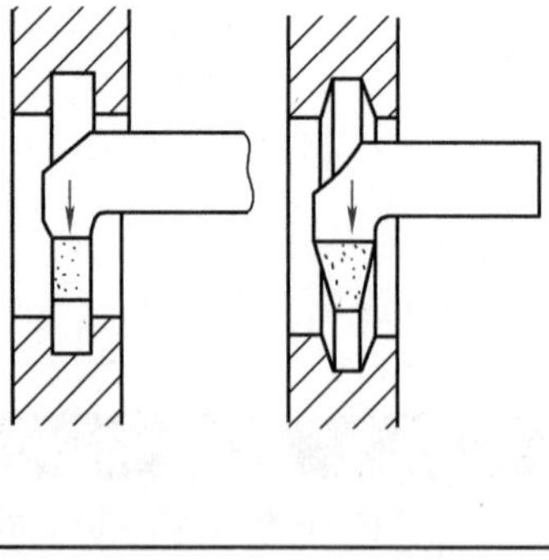	先用一把矩形槽车刀车出矩形槽，然后再用梯形槽车刀车削成形

提示： 　　调整车槽位置时一定要把内沟槽车刀的刀头宽度计算进去。

练一练：　　按要求完成下图工件内沟槽的车削。

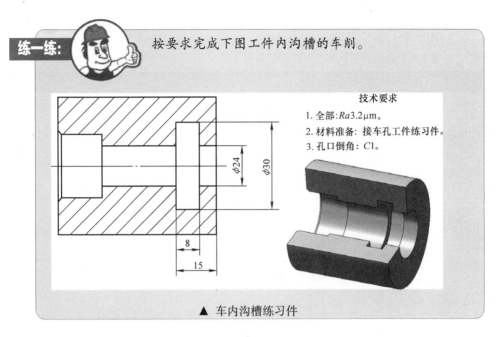

技术要求

1. 全部：Ra3.2μm。
2. 材料准备：接车孔工件练习件。
3. 孔口倒角：C1。

▲ 车内沟槽练习件

车内沟槽练习件加工的步骤见下表。

▼ 车内沟槽练习件加工的步骤

① 工件装夹	② 车端面

▲ 工件用自定心卡盘装夹，保证伸出长度大于 30mm	▲ 用 90°车刀由里向外进给，将端面轻车一刀

③ 车直孔	④ 车内沟槽

▲ 选用通孔车刀，车 φ24mm 直孔至图样尺寸要求	▲ 选用刀宽为 5mm 的内沟槽车刀，进行端面对刀　▲ 利用小滑板刻度盘，分两次车出 φ30×8 内沟槽

3. 内沟槽车削质量分析

▼ 内沟槽车削的质量问题及其产生原因和预防方法

质量问题	产生原因	预防方法
沟槽深度太浅	1. 刀杆刚性差，产生"让刀" 2. 当内孔有加工余量时，没有把加工余量计算进去	1. 换刚性好的刀杆，进给完毕后停留一下再退刀 2. 认真计算
沟槽宽度错误	1. 车窄槽时，切削刃宽度刃磨不正确 2. 车宽槽时，刀具纵向移动不正确	1. 仔细检查（测量）切削刃宽度 2. 仔细操作
沟槽位置错误	1. 调整切槽位置时没有把刀具宽度计算进去 2. 看错床鞍手轮（纵向进给）刻度盘的刻度	1. 按几何要求计算尺寸 2. 仔细读刻度

3.4 铰孔

用铰刀从工件孔壁上切除微量金属层的精加工孔的方法称为铰孔。铰孔操作简便，效率高，其精度可达 IT7~IT9，表面粗糙度值可达 $Ra0.4\mu m$。

3.4.1 铰刀

1. 铰刀的几何形状

铰刀可分为机用铰刀和手用铰刀。它由工作部分、空刀和柄部组成。

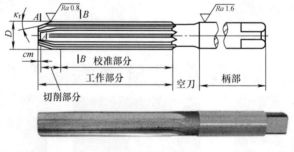

▲ 手用铰刀

（1）工作部分　铰刀的工作部分由引导锥、切削部分和校准部分组成。引导锥是铰刀工作部分最前端的45°倒角部分，便于铰削开始时将铰刀引导入孔

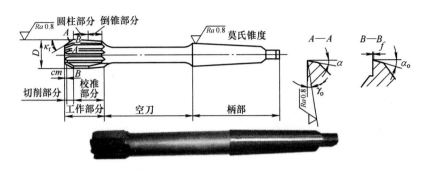

▲ 机用铰刀

中，并起保护切削刃的作用。切削部分是承担主要切削工作的一段锥体（切削锥角为 $2\kappa_r$），校准部分分圆柱和倒锥两部分，圆柱部分起导向、校准和修光作用，也是铰刀的备磨部分；倒锥部分起减小摩擦和防止铰刀将孔径扩大的作用。

（2）空刀　在铰刀制造和刃磨时起空刀作用。

（3）柄部　铰刀的夹持部分，铰削时用来传递转矩，有直柄和锥柄（莫氏标准锥度）两种。

2. 铰刀尺寸的选择

铰孔的精度主要取决于铰刀的尺寸。铰刀的公称尺寸与孔的公称尺寸相同。铰刀的公差是根据孔的精度等级、加工时可能出现的扩大或收缩及允许铰刀的磨损量来确定的。一般可按下面的计算方法来确定铰刀的上、下极限偏差

上极限偏差（es）＝2/3 被加工孔的公差

下极限偏差（ei）＝1/3 被加工孔的公差

提示：　　　选择铰刀时还应注意，铰刀刃口必须锋利，应没有崩刃和毛刺。

3.4.2　铰孔的方法

1. 铰刀的安装

铰刀在车床上有两种安装方法：

（1）直接通过钻夹头或变径套过渡安装在尾座中　这种方法与安装麻花钻类似。对于直柄铰刀，通过钻夹头安装；对于锥柄铰刀，通过变径套过渡安装。使用这种安装方法时，要求铰刀轴线与工件轴线严格重合，安装精度较低。

（2）用浮动套筒安装　将铰刀通过浮动套筒装入车床尾座中，由于浮动套筒的衬套和套筒之间的配合较松，并存在一定的间隙。当工件轴线与铰刀轴线不重合时，允许铰刀浮动，这样铰刀就能够自动适应工件轴线，并消除二者之间的不重合偏差。

▲ 用钻夹头安装

▲ 用变径套过渡安装

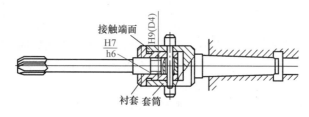

▲ 用浮动套筒安装

2. 铰孔的方法

（1）铰孔前孔的预加工　为了找止孔与端面的垂直度误差，修正已有孔的偏差，使铰孔余量均匀，并保证铰孔前预制孔有一定的表面质量，铰孔前需要对铸、锻加工的毛孔进行车孔、扩孔等预加工。常用的加工方案为：

1）对于精度等级为 IT9 的孔，当孔径小于 10mm 时，采用钻中心孔—钻孔—铰孔；当孔径大于 10mm 时，采用钻中心孔—钻孔—扩孔（或车孔）—铰孔。

2）对于精度等级为 IT7～IT8 的孔，当孔径小于 10mm 时，采用钻中心孔—钻孔—粗铰（或车孔）—精铰；当孔径大于 10mm 时，采用钻中心孔—钻孔—扩孔（或车孔）—粗铰—精铰。

（2）铰孔时切削用量的选择　实践表明：切削速度越低，被加工孔的表面粗糙度值就越低。铰钢件时，一般推荐切削速度 $v \leqslant 5\text{mm/min}$；铰铸铁和有色金属时可高一些，取 $v \geqslant 5\text{mm/min}$。进给量 f 可选择较大数值：铰钢件时，$f = 0.2 \sim 1.0\text{mm/r}$；铰铸铁和有色金属时，$f = 0.4 \sim 1.5\text{mm/r}$。铰孔时的背吃刀量 a_p 通常为铰孔余量的一半。

（3）铰孔余量的确定　铰孔时，应该合理确定加工余量，余量太小时，前一道工序留下的加工痕迹不能被完全铰削掉，表面粗糙度值大；余量太大时，铰削力也大，切屑也易填塞在铰刀齿槽内，不仅影响切削液的进入，而且还会使铰刀折断。

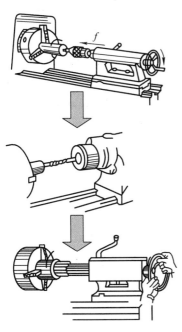

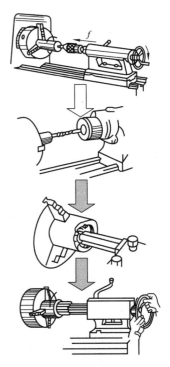

▲ 孔径小于 10mm 的铰孔加工方案　　　　▲ 孔径大于 10mm 的铰孔加工方案

▼ 铰孔余量的确定　　　　　　　　　　　　　　　　　　　　　　　（单位：mm）

铰孔孔径	≤6	>6 ~ 10	>10 ~ 18	>18 ~ 30	>30 ~ 50	>50 ~ 80	>80 ~ 120
粗铰	0.10	0.10 ~ 0.15	0.10 ~ 0.15	0.15 ~ 0.20	0.20 ~ 0.30	0.35 ~ 0.45	0.50 ~ 0.60
精铰	0.04	0.04	0.05	0.07	0.07	0.10	0.15

（4）铰孔的方法

1）铰通孔。其操作方法为：

① 摇动尾座手轮，使铰刀的引导部分轻轻进入孔口，深度约 1 ~ 2mm。

② 起动车床，加注充分的切削液，双手均匀摇动尾座手轮，进给量约为 0.5mm/r，均匀地进给至铰刀切削部分的 3/4 超出孔末端时，即反向摇动尾座手轮，将铰刀从孔中退出，此时工件应继续作主运动。

③ 将内孔擦干净后，检查孔径尺寸。

2）铰盲孔。其操作方法为：

① 开启车床，加注切削液，摇动尾座手轮进行铰孔，当铰刀端部与孔底接触时会对铰刀产生进给力，手动进给至感觉到进给力明显增加时，表明铰刀端部已到孔底，应立即将铰刀退出。

▲ 铰通孔

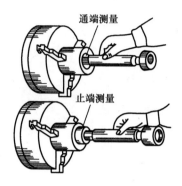

通端测量

止端测量

▲ 铰孔后的检查

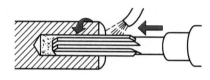

▲ 铰盲孔

▲ 清除切屑

② 铰较深的不通孔时，切屑排出比较困难，通常中途应退刀数次。用切削液和刷子清除切屑。

③ 清除切屑后再继续铰孔。

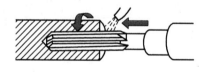

▲ 继续铰削

提示：

1）安装铰刀时，要擦干净铰刀锥柄和车床尾座锥套。

2）铰孔时铰刀的中心线应与车床主轴轴线重合。

3）退出铰刀时，车床主轴不能停止，更不能反转，以防损坏铰刀和加工表面。

4）铰孔前应先进行试铰，以免造成废品。

练一练：

按要求完成下图所示工件的铰孔。

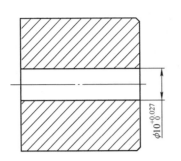

技术要求
1. 工件只铰削内孔，其余表面不加工。
2. 锐边倒钝。
3. 备料ϕ45mm×30mm。

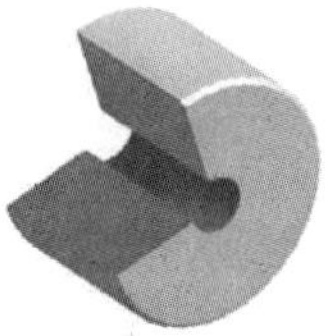

$\phi10^{+0.027}_{0}$

▲ 铰孔练习件

铰孔练习件加工的步骤见下表。

▼ 铰孔练习件加工的步骤

① 工件装夹	② 车端面

▲ 工件用自定心卡盘直接装夹，伸出长20mm 左右	▲ 为保证麻花钻的定心，用90°车刀将工件端面轻车一刀
③ 钻底孔	④ 铰孔

▲ 选用直径为 ϕ9.8mm 的麻花钻钻出底孔	▲ 选用合适的转速，用 $\phi10^{+0.027}_{0}$ mm 的铰刀进行铰孔，并用标准塞规进行检查

第 **4** 章　圆锥体工件与成形面的车削

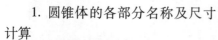

在机床和工具中，有许多使用圆锥面配合的场合，如车床主轴锥孔与顶尖的配合、车床尾座锥孔与麻花钻锥柄的配合等。

▲ 圆锥体工件配合实例

4.1.1　转动小滑板车圆锥体工件

车削较短的圆锥体时，可以用转动小滑板的方法。小滑板的转动角度也就是小滑板导轨与车床主轴轴线相交的一个角度，它的大小等于所加工零件的圆锥半角（$\alpha/2$）值。

1. 圆锥体的各部分名称及尺寸计算

（1）圆锥表面和圆锥体　圆锥表面是由与轴线成一定角度且一端相交于轴线的一条直线段（母线），绕该轴线旋转一周所形成的表面。由圆锥表面和一定轴向尺寸、径向尺寸所限定的几何体，称为圆锥体。圆锥体又可以分为外圆锥体和内圆锥体两种。

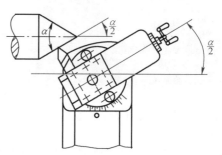

▲ 转动小滑板车圆锥体

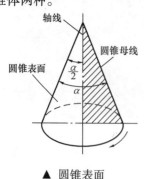

▲ 圆锥表面

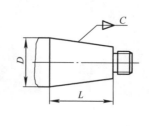

▲ 外圆锥体

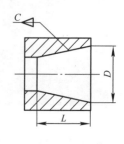

▲ 内圆锥体

（2）圆锥体的基本参数与计算　外圆锥体和内圆锥体各部分的概念与尺寸计算相同。圆锥体各部分尺寸的计算见下表。

▼ 圆锥体各部分尺寸的计算

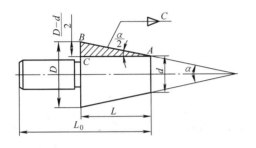

D——最大圆锥直径（mm）；

d——最小圆锥直径（mm）；

α——圆锥角度（°）；

$\alpha/2$——圆锥半角（°）；

L——圆锥长度（mm）；

C——锥度；

L_0——工件全长，（mm）

名称术语	代号	定义	计算公式
圆锥角	α	在通过圆锥体轴线的截面内，两素线之间的夹角	—
圆锥半角	$\alpha/2$	圆锥角的一半	$\tan\dfrac{\alpha}{2}=\dfrac{D-d}{2L}=\dfrac{C}{2}$ $\dfrac{\alpha}{2}\approx 28.7°\times C=28.7°\times\dfrac{D-d}{L}$
最大圆锥直径	D	简称大端直径	$D=d+CL=d+L\tan\dfrac{\alpha}{2}$
最小圆锥直径	d	简称小端直径	$d=D-CL=D-2L\tan\dfrac{\alpha}{2}$
圆锥长度	L	最大圆锥直径与最小圆锥直径之间的轴向距离	$L=\dfrac{D-d}{C}=\dfrac{D-d}{2\tan(\alpha/2)}$
锥度	C	圆锥体大、小端直径之差与长度之比	$C=\dfrac{D-d}{L}$
工件全长	L_0	—	—

　　1）当 $\alpha/2<6°$ 时，才可用近似法计算圆锥半角。

　　2）计算结果是"度"，度以后的小数部分是十进位的，而角度是 60 进位。应将含有小数部分的计算结果转化成度、分、秒。例如 5.35° 并不等于 5°35'。要用小数部分去乘 60'，即 60'×0.35=21'，所以 5.35° 应为 5°21'。

2. 小滑板转动角度的计算与转动方向

（1）转动小滑板法车圆锥体的特点

1）可以车削各种角度的内、外圆锥体，适用范围广。

2）操作简便，能保证一定的车削精度。

3）由于小滑板只能手动进给，故劳动强度较大，表面粗糙度也较难控制；而且车削锥面的长度受小滑板行程的限制。

转动小滑板法适用于加工圆锥半角较大且锥面不长的工件。

（2）小滑板转动角度的计算　由于圆锥体的角度标注方法不同，有时图样上没有直接标注出圆锥半角 $\alpha/2$，这时就必须经过换算才能得出小滑板应转动的角度。根据被加工工件的已知条件，可按上表中的公式来计算小滑板转动的角度。生产中车削常用锥度和标准锥度时小滑板的转动角度见下表。

▼ 车削常用锥度和标准锥度时小滑板的转动角度

名称		锥度	小滑板转动角度	名称		锥度	小滑板转动角度
莫氏锥度	0	1:19.212	1°29′23″	标准锥度	1:3	—	9°27′44″
	1	1:20.027	1°25′40″		1:5	—	5°42′38″
	2	1:20.020	1°25′46″		1:7	—	4°05′08″
	3	1:19.922	1°26′12″		1:8	—	3°34′35″
	4	1:19.254	1°29′12″		1:10	—	2°51′45″
	5	1:19.002	1°30′22″		1:12	—	2°23′9″
	6	1:19.180	1°29′32″		1:15	—	1°54′23″
标准锥度	120°	1:0.289	60°		1:20	—	1°25′56″
	90°	1:0.500	45°		1:30	—	0°57′23″
	75°	1:0.652	37°30′		1:50	—	0°34′23″
	60°	1:0.866	30°		1:100	—	0°17′11″
	45°	1:1.207	22°30′		1:200	—	0°08′36″
	30°	1:1.866	15°		7:24	1:3.429	8°17′50″

（3）小滑板转动方向　小滑板往什么方向转动，决定于工件在车床上的加工位置。小滑板转动方向见下表。

▼ 小滑板转动方向

示例图样	小滑板转过的角度	转动方向	图示
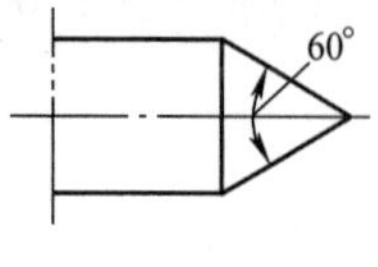	30°	逆时针	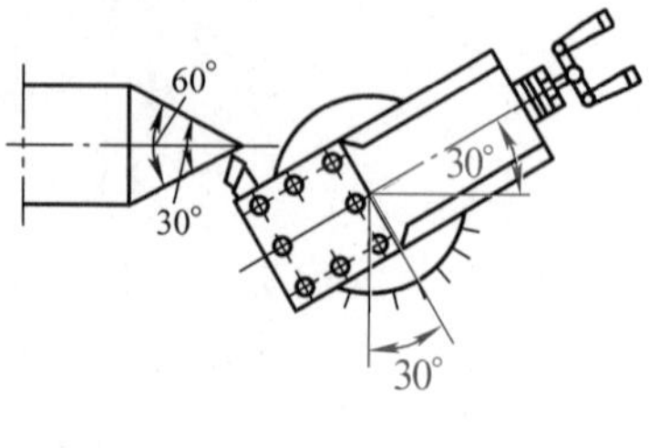

（续）

示例图样	小滑板转过的角度	转动方向	图示
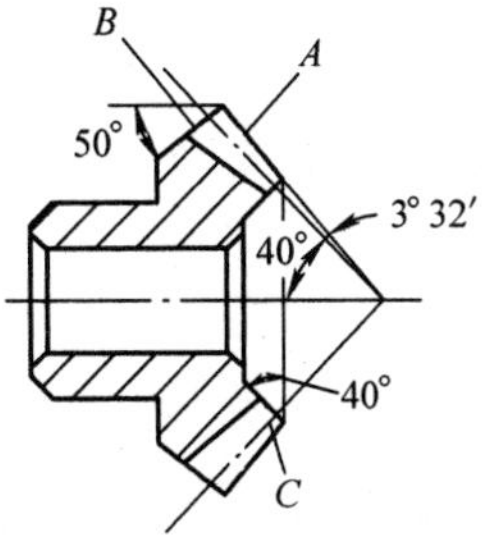	车 A 面，43°32′	逆时针	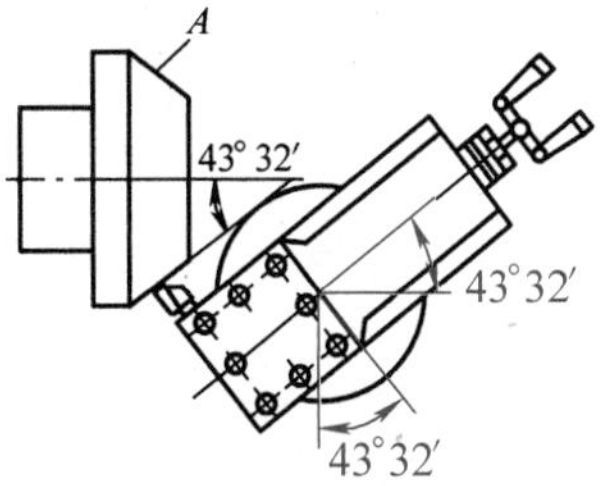
	车 B 面，50°	顺时针	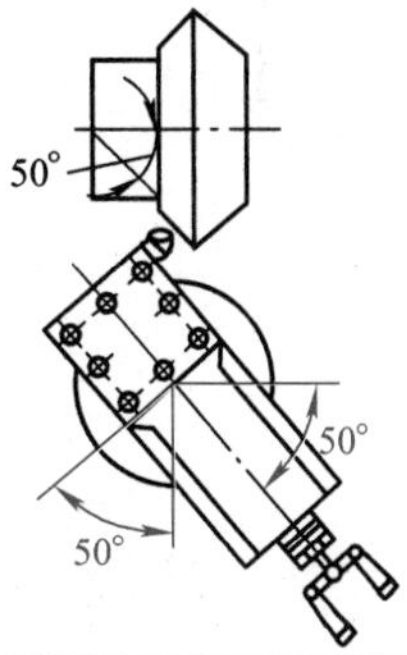
	车 C 面，50°	顺时针	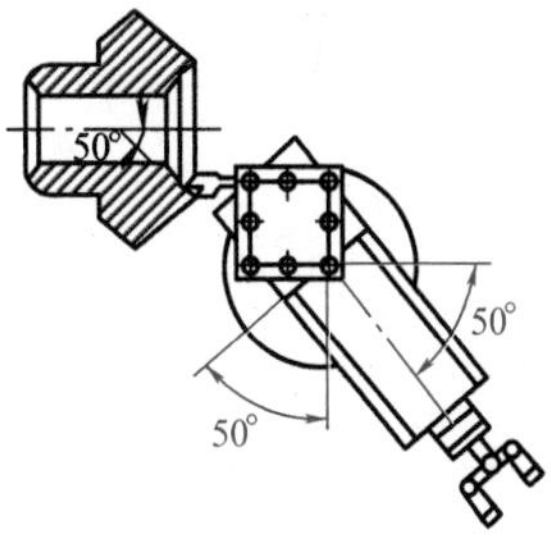

3. 转动小滑板车圆锥体的方法

（1）转动小滑板车外圆锥体

1）按圆锥体大端尺寸车出外圆。

2）根据尺寸计算出圆锥半角（$\alpha/2$），松开小滑板底座转盘上的紧固螺母，转动小滑板，然后锁紧转盘。

3）在大端对刀，记住中滑板刻度，退出。

4）转动小滑板手柄，将车刀退至右端面，根据刻度调整背吃刀量。

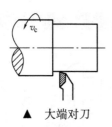

▲ 大端对刀

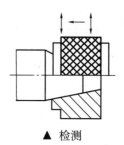

▲ 检测

5）双手交替转动小滑板手柄，对锥度进行粗车。

6）用圆锥量规采用涂色法（或游标万能角度尺）检测。

7）根据情况调整小滑板角度，保证圆锥半角的正确性，角度调整好后，通过对刀对圆锥体进行精车。

1）如果角度不是整数，如 $\alpha/2 = 5°42'$，可在 5.5°～6° 之间估计，试切后逐步找正。

2）当工件的圆锥半角大于滑板所示刻度示值时（滑板刻度示值一般为50°左右），就需使用辅助刻线的方法来找正工件圆锥半角了。如加工一圆锥半角为70°的工件，就必须先把小滑板转过50°，然后在滑板转盘对准中滑板零位线处划一条辅助刻线，再根据这条辅助刻线将小滑板转过20°，这样小滑板就转过70°了。

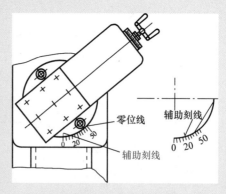

零位线

辅助刻线

辅助刻线

▲ 使用辅助刻线的方法找正工件圆锥半角

3）调整锥度时，用左手拇指紧贴在小滑板与中滑板底盘上，按所需方向，用铜棒轻轻敲击小滑板。

▲　锥度的调整

4）外圆锥体的检验方法　用涂色法检验外圆锥体的具体操作方法见下表。

▼　用涂色法检验外圆锥体的具体操作方法

操作项目	说　明	图　示
涂色	先在工件的圆周上顺着圆锥素线薄而均匀地涂上三条显示剂（印油、红丹粉和机械油等的调和物）	
配合检测	将圆锥套规轻轻地套在工件上，稍加轴向推力，并将圆锥套规转动1/3圈	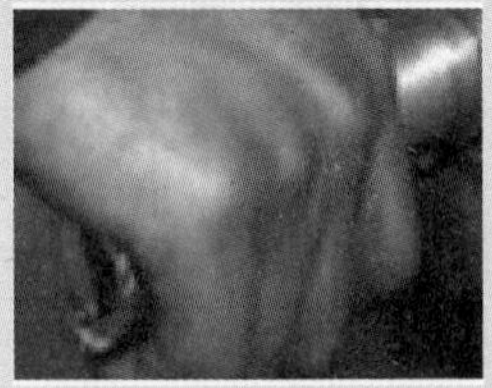
判断	取下圆锥套规，观察工件表面显示剂被擦去的情况（判断结果见下表）	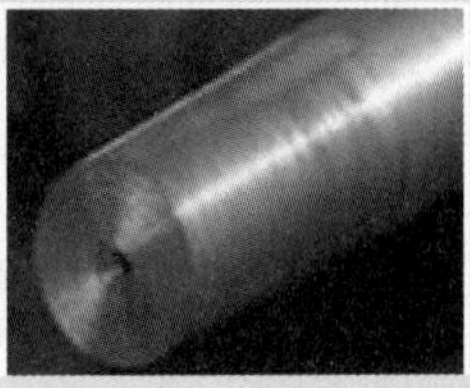

▼ 用圆锥量规检验圆锥体的判断

检验项	用圆锥套规检验外圆锥体		用圆锥塞规检验内圆锥体	
显示剂的涂抹位置	外圆锥工件		圆锥塞规	
显示剂被擦去的情况	小端擦去，大端未擦去	大端擦去，小端未擦去	小端擦去，大端未擦去	大端擦去，小端未擦去
工件圆锥角	小	大	大	小
检测圆锥线性尺寸	外圆锥的最小圆锥直径		内圆锥的最大圆锥直径	

5）外圆锥体尺寸的控制　当锥度已找正，而大端或小端尺寸还未能达到要求时，须再车削来控制尺寸。

▼ 外圆锥体尺寸的控制方法

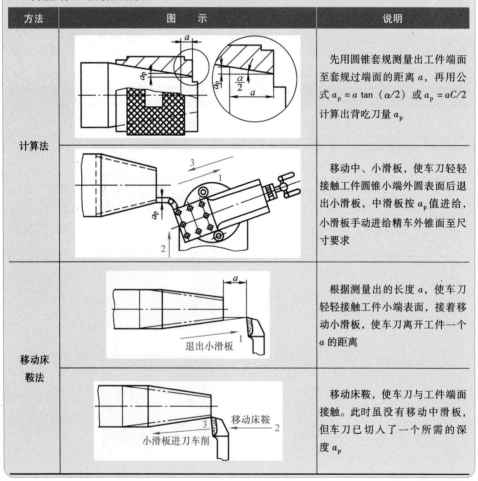

方法	图　示	说明
计算法		先用圆锥套规测量出工件端面至套规过端面的距离 a，再用公式 $a_p = a \tan (\alpha/2)$ 或 $a_p = aC/2$ 计算出背吃刀量 a_p
		移动中、小滑板，使车刀轻轻接触工件圆锥小端外圆表面后退出小滑板，中滑板按 a_p 值进给，小滑板手动进给精车外锥面至尺寸要求
移动床鞍法		根据测量出的长度 a，使车刀轻轻接触工件小端表面，接着移动小滑板，使车刀离开工件一个 a 的距离
		移动床鞍，使车刀与工件端面接触。此时虽没有移动中滑板，但车刀已切入了一个所需的深度 a_p

练一练： 按要求完成下图所示工件外圆锥体的车削。

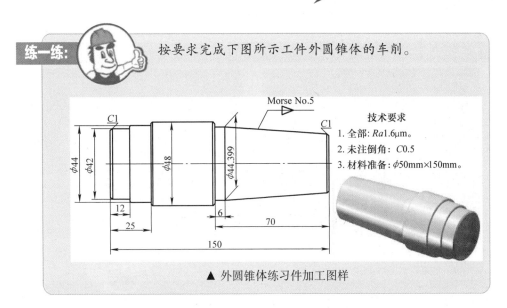

技术要求
1. 全部 $Ra1.6\mu m$。
2. 未注倒角：$C0.5$
3. 材料准备：$\phi50mm\times150mm$。

▲ 外圆锥体练习件加工图样

外圆锥体练习件加工的步骤见下表。

▼ 外圆锥体练习件加工的步骤

① 工件装夹	② 车端面

▲ 工件用自定心卡盘装夹，保证伸出长度大于80mm，找正夹紧	▲ 用90°车刀将端面轻车一刀（带白即可）

（续）

③ 车左端各外圆	④ 倒角

▲ 粗、精车 φ48mm、φ44mm × 25mm、φ42mm × 12mm 至图样要求	▲ 用45°车刀按要求对各处进行倒角
⑤ 调头	⑥ 控制总长
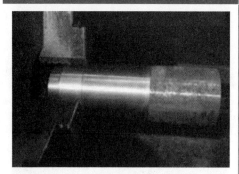	
▲ 调头装夹 φ44mm 外圆，找正夹紧	▲ 用90°车刀车端面，控制总长 150mm 至图样要求
⑦ 车大端直径	⑧ 调角度

▲ 用90°车刀粗、精车出锥度大端直径 φ44.399mm、长70mm 至图样要求	▲ 根据图样要求，调整小滑板转动角度 1°30′22″

（续）

⑨ 粗车	⑩ 检验
	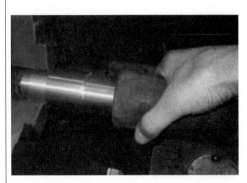
▲ 双手转动小滑板手柄，粗车出一段锥度	▲ 用 Morse No. 5 号标准圆锥套规利用涂色法检验锥度接触情况
⑪ 精车	⑫ 倒角

▲ 根据情况适当调整小滑板角度，合格后控制合理的精车余量，一次性车出圆锥体	▲ 用 45°车刀按要求对各处进行倒角

（2）转动小滑板车内圆锥体

1）车削方法。车内圆锥体时，因为车削是在孔内进行的，不易观察，所以比车外圆锥体困难得多。为了便于测量，在装夹工件时应使锥孔大端直径的位置在外端。

▼ 转动小滑板车内圆锥体

① 钻孔	② 转动小滑板

▲ 选择比锥孔小端直径小 1～2mm 的麻花钻钻孔（如果孔径较大，需车孔）	▲ 根据尺寸，计算出圆锥半角（$\alpha/2$），松开小滑板底座转盘上的紧固螺母，顺时针方向转动小滑板，然后锁紧转盘

③ 粗车内圆锥体	④ 精车

▲ 调整背吃刀量，双手交替转动小滑板手柄，对锥度进行粗车	▲ 根据检查结果修调小滑板角度，角度调整好后，通过对刀调整好尺寸后对锥体进行精车

　　2）内圆锥体尺寸的控制。精车内圆锥体控制尺寸的方法与精车外圆锥体控制尺寸的方法相同，也可采用计算法或移动床鞍法确定背吃刀量 a_p。

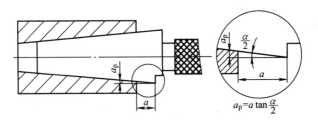

▲ 计算法控制内圆锥体尺寸

$$a_p = a \tan \frac{\alpha}{2}$$

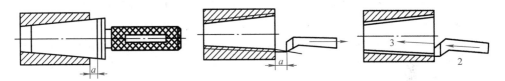

▲ 移动床鞍法控制内圆锥体尺寸

（3）车削内、外圆锥体配合件　车削内、外圆锥体配合件的方法有车刀正装法和反装法两种。

▼ 车削内、外圆锥体配合件时车刀的安装方法

安装方法	图示	说明
正装法		采用与一般内孔车刀弯头方向相反的锥孔车刀，车刀正装，使前刀面向上，刀尖对准工件回转中心。车床主轴应反转，然后车削内圆锥体。车刀相对工件的切削位置与车刀反装法时切削位置相同
反装法		先将外圆锥体车好后，不改变小滑板的转动角度，只是将内孔车刀反装，使其前面向下，刀尖应对准工件回转中心，车床主轴仍正转，然后车削内圆锥体

提示: 　　无论是外圆锥体还是内圆锥体，车削前，车刀必须要对准工件旋转中心，以避免产生双曲线误差。

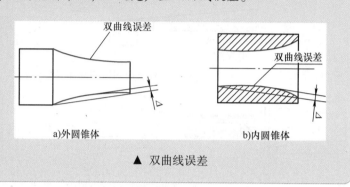

▲ 双曲线误差

4.1.2　偏移尾座法车圆锥体

偏移尾座法车圆锥体就是将尾座上滑板横向移动一个距离 S，使尾座偏移，前、后顶尖连线与车床主轴轴线相交成一个等于圆锥半角 $\alpha/2$ 的角度，当床鞍带着车刀沿平行于主轴轴线方向移动切削时，工件就车成了一个圆锥体。

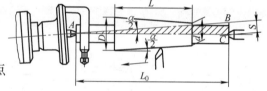

▲ 偏移尾座法车圆锥体

1. 偏移尾座法车圆锥体的特点

1）可以采用纵向机动进给车削，能获得较好的表面质量。

2）不能加工整锥体或内圆锥体。

3）因受尾座偏移量的限制，不能车削锥度大的工件。

4）适宜车削加工锥度精度不高、锥体较长的工件。

2. 尾座偏移量 S 的计算

用偏移尾座法车圆锥体时，尾座的偏移量不仅与圆锥体长度 L 有关，而且还与两个顶尖之间的距离有关，这段距离一般可近似看成工件全长 L_0。尾座偏移量 S 可以根据下列近似公式计算

$$S = L_0 \tan \frac{\alpha}{2} = L_0 \frac{D-d}{2L} \quad 或\ S = \frac{C}{2} L_0$$

式中　S——尾座偏移量（mm）；

D——最大圆锥直径（mm）；

d——最小圆锥直径（mm）；

L——圆锥长度（mm）；

L_0——工件全长（mm）；

C——锥度。

3. 控制尾座偏移量的方法

当尾座偏移量 S 计算出来后，移动尾座上部，一般是将尾座上部移向操作者方向，便于操作者测量。尾座的调整与偏移量的控制方法见下表。

▼ 尾座的调整与偏移量的控制方法

内容	操作说明	图　示
尾座的调整	松开尾座的锁紧手柄或紧固螺母，然后调整两边的螺钉（先拧松靠近操作者一端的螺钉，并拧紧远离操作者一端的螺钉），尾座体作横向移动，即尾座套筒轴线对车床主轴轴线产生一个偏移量 S（调整后两边的螺钉要同时锁紧）	
用尾座刻度盘偏移	在偏移尾座后，从上层零线所对准的下层刻线上读出偏移量 这种方法比较简单，但由于标出的分度值是以 mm 为单位的，很难一次准确地将偏移量调整到位，因而要经过试车削逐步找正	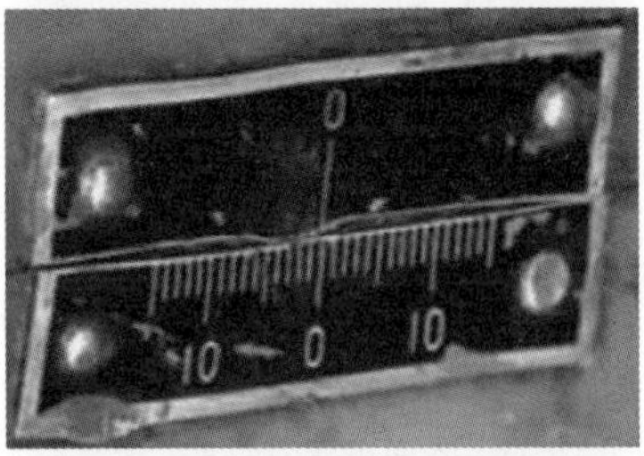 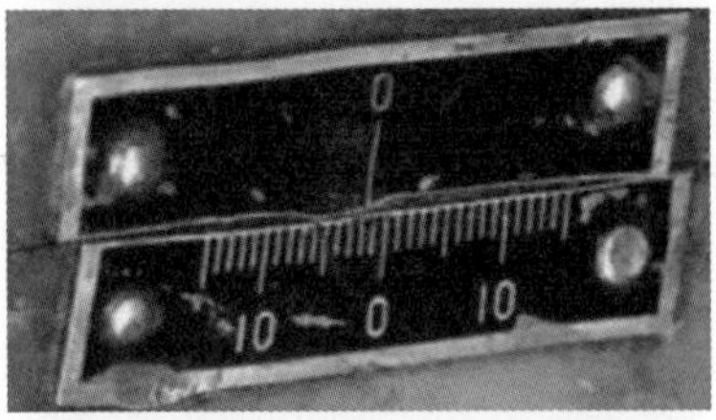
用中滑板刻度盘偏移	在刀架上装夹一铜棒，移动中滑板，使铜棒与尾座套筒接触后，消除中滑板刻度盘的空行程，记下中滑板的刻度值	

（续）

内容	操作说明	图示
用中滑板刻度盘偏移	根据刻度将铜棒退出一个 S 的距离	
	调整尾座上部直至套筒接触铜棒	
用百分表偏移	把百分表固定在刀架上，使百分表的测头垂直接触尾座套筒，并与车床中心等高，调整百分表指针至零位，然后偏移尾座，偏移值可从百分表上具体读出，然后固定尾座	
用锥度量棒（或样件）偏移	把锥度量棒（或样件）装夹在两顶尖间，并将百分表固定在刀架上，使测头垂直接触量棒（或样件）的圆锥素线，并与车床等高，再偏移尾座，纵向移动床鞍，观察百分表指针在圆锥两端的读数是否一致。如读数不一致，再调整尾座位置，直至两端读数一致为止	

提示:

1）尾座偏移量的计算公式中，由于将两顶尖距离近似看成工件全长，故计算所得的偏移量 S 也为近似值。所以除利用锥度量棒（或样件）偏移尾座之外，其他几种偏移尾座的方法都必须经试车削和逐步修正来达到精确的圆锥半角。

2）在调整尾座在车床上的位置时，使前后顶尖间的距离为工件总长，此时尾座套筒伸出尾座的长度应小于套筒总长的 1/2。

3）工件两端中心孔内应加润滑脂，装鸡心卡头，工件的松紧程度以手能轻轻拨动且无轴向窜动为宜。

4）批量生产时，工件总长和中心孔的大小、深浅必须保持一致，否则加工出来的工件锥度将会不一致。

5）因顶尖在中心孔中是歪斜的，接触不良，因此顶尖与中心孔磨损不均匀。为使顶尖与工件中心孔有良好的接触，可采用球头顶尖或 R 型中心孔。

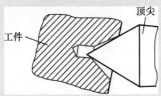

▲ 工件中心孔与顶尖接触不良

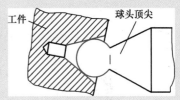

▲ 采用球头顶尖支撑工件

练一练: 按要求利用偏移尾座法完成下图所示工件外圆锥的车削。

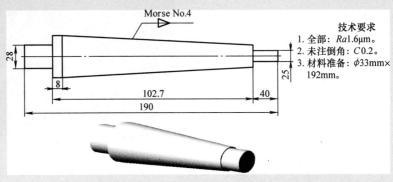

▲ 偏移尾座法车削外圆锥体练习件加工图样

偏移尾座法车外圆锥体练习件加工的步骤见下表。

▼ 偏移尾座法车外圆锥体加工的步骤

步骤	操作说明	图　　示
工件装夹	工件采用前、后两顶尖装夹在车床上，并车出圆锥体大端直径和两端小台阶外圆	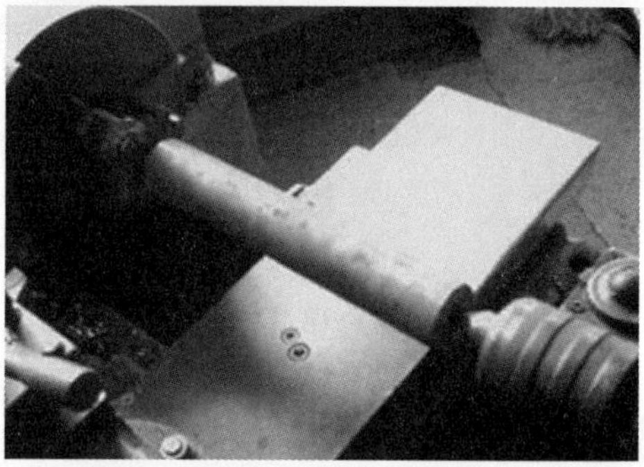
调整偏移量	根据图样要求，计算出尾座偏移量，用六角扳手调整尾座体作横向移动	
车外圆锥体	采用自动进给粗、精车出外圆锥体至图样要求	

4.1.3　其他车圆锥体的方法

1. 仿形法

仿形法又称靠模法，其车削原理、特点与靠模结构见下表。

▼ 仿形法车圆锥体的基本原理、特点与靠模结构

内容	说　明	图　　示
基本原理	原理是在车床床身后面安装一固定靠模板，其斜角可以根据工件的圆锥半角 $\alpha/2$ 调整；取出中滑板丝杠，刀架通过中滑板与滑块刚性连接。这样，当床鞍纵向进给时，滑块沿着固定靠模板中的斜槽滑动，带动车刀作平行于靠模板斜面的运动，使车刀刀尖的运动轨迹平行于靠模板的斜面，这样就车出了外圆锥体	
特点	1. 调整锥度准确、方便，生产率高，因而适合于批量生产 2. 能够自动进给，表面粗糙度值较小，表面质量好 3. 靠模装置角度调整范围较小，一般适用于圆锥半角 $\alpha/2$ 在 12° 以内的工件	
靠模结构	底座 1 固定在车床床鞍上，它下面的燕尾导轨和靠模体 5 上的燕尾槽均为滑动配合。当需要加工圆锥体工件时，用螺钉 11 通过挂脚 8、调节螺母 9 及拉杆 10 把靠模体固定在车床床身上。靠模体上标有角度刻度，它上面装有可以绕中心旋转到车床主轴轴线相交成所需圆锥半角 $\alpha/2$ 的靠模板 2。螺钉 6 用来调整靠模板与车床主轴轴线相交的斜角，当调整到所需的圆锥半角 $\alpha/2$ 后用螺钉 7 固定。抽出中滑板丝杠，用连接板 3 一端与中滑板相连，另一端与滑块 4 连接，滑块可以沿靠模块中的斜槽自由滑动。当床鞍作纵向移动时，滑块 4 沿靠模板同时通过斜槽滑动，连接板带动中滑板沿靠模板横向进给，使车刀合成斜向进给运动，从而加工出所需的圆锥体。小滑板需旋转 90°，以便于横向进给，控制圆锥体尺寸。当不需要使用靠模板时，将两只螺钉 11 松开，取下连接板，装上中滑板丝杠，床鞍将带动整个附件一起移动，从而使靠模失去作用。 　此外，还可以通过特殊结构的中滑板丝杠与滑块 4 相连，使中滑板既可以手动横向进给，又可以通过滑块沿靠模板横向进给	 1—底座　2—靠模板　3—连接板　4—滑块 5—靠模体　6、7、11—螺钉　8—挂脚 9—调节螺母　10—拉杆

2. 宽刃车刀车圆锥体

宽刃车刀车圆锥体实质上也属于成形法车削，即用成形刀具对工件进行加工。原理是在车刀安装后，使主切削刃与主轴轴线的夹角等于工件的圆锥半角

$\alpha/2$，采用横向进给的方法加工出圆锥体。

宽刃车刀车圆锥体主要适用于加工锥面较短、圆锥半角精度要求不高的圆锥体。

（1）宽刃车刀车圆锥体的基本要求

1）宽刃车刀切削刃必须平直，无崩口。

2）刃倾角为0°。

3）车床及车刀必须具有很好的刚性。

4）车削时其速度不易选得过高，宜低一些。

5）车刀主切削刃与车床主轴轴线的夹角必须等于工件的圆锥半角 $\alpha/2$。宽刃车刀在装夹时可用样板或万能角度尺找正。

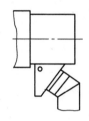 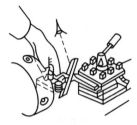

▲ 用样板找正　　　　　　　　　　▲ 用万能角度尺找正

6）安装宽刃车刀时其切削刃应与工件回转中心等高。

（2）宽刃车刀车圆锥体的方法

1）宽刃车刀车外圆锥体。车削较短的外圆锥体时，可先用宽刃粗车刀将被加工表面车成阶梯状，以去掉大部分余量，然后再使用宽刃精车刀进行精车。

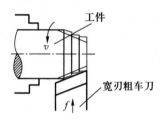 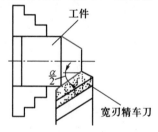

▲ 用宽刃粗车刀先车成阶梯状　　　▲ 用宽刃精车刀进行精车

当工件圆锥面长度大于宽刃车刀的切削刃长度时，一般要采用接刀法车削。这时工件装夹端应尽量短一些。

2）宽刃车刀车内圆锥体。车内圆锥体的宽刃车刀一般选用高速钢车刀，前角 γ_o 取 20° ~ 30°，后角 α_o 取 8° ~ 10°。车刀切削刃必须平直，与刀柄底平面平行，且与刀柄轴线夹角为 $\alpha/2$。

用宽刃车刀车内圆锥体的操作方法为：

1）先用内孔车刀粗车内孔，留粗车余量。

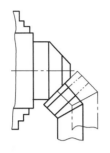

▲ 接刀法车圆锥体

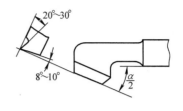

▲ 车内圆锥体的宽刃车刀

2）将宽刃车刀的切削刃伸入孔内，长度大于锥长，横向（或纵向）进给，低速车削。

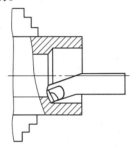

▲ 用内孔车刀粗车内孔

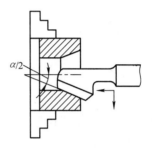

▲ 用宽刃车刀精车内圆锥面

提示:

　　1）使用宽刃车刀车圆锥体，在车到尺寸时，切削刃应在锥面上滞留一段时间，直至切削刃不下切屑为止，以达到光刃车削的目的。

　　2）宽刃车刀车圆锥体时会产生很大的切削力，易引起振动，因而车削前应调整好中、小滑板镶条的间隙。

3. 用锥形铰刀铰圆锥孔

在加工直径较小的圆锥孔时，因为刀柄的刚性差，加工出的圆锥孔精度低，表面粗糙度值大，这时可以用锥形铰刀加工。用铰削方法加工出的圆锥孔比车削加工的精度高，表面粗糙度 Ra 值可达到 $0.8 \sim 1.6\mu m$。

（1）锥形铰刀　锥形铰刀一般分为锥形粗铰刀和锥形精铰刀两种。

▲ 锥形粗铰刀

▲ 锥形精铰刀

粗铰刀的槽数比精铰刀少，容屑空间大，对排屑有利。粗铰刀的切削刃上开有一条右螺旋分屑槽，将原来很长的切削刃分割成若干段短切削刃，因而在铰削时把切屑分成几段，使切屑容易排出。精铰刀做成锥度很准确的直线刃齿，并留有很小的棱边（0.1～0.2mm），以保证圆锥孔的质量。

（2）铰削的方法

1）切削用量的选用。铰削圆锥孔时，参加切削的切削刃长，切削面积大，排屑较为困难，因而切削用量要选得小一些。

① 切削速度 v_c。一般选 5mm/min 以下，进给应均匀。

② 进给量 f。进给量大小根据锥度大小选取，锥度大时进给量小些；锥度小时，进给量可选取大些。在铰削锥角 $\alpha \leqslant 3°$ 的锥孔（如 Morse 锥孔）时，钢件进给量一般选 0.15～0.30mm/r；铸铁件进给量一般选 0.3～0.5mm/r。

2）切削液的选用。铰削圆锥孔时，必须充分浇注切削液，以减小表面粗糙度值。铰削钢件时可使用乳化液或切削油，铰削合金钢或低碳钢时可使用植物油，铰削铸铁件时可使用煤油或柴油。

3）铰削的工艺方法。铰圆锥孔时，将铰刀安装在尾座套筒内，铰孔前必须用百分表把尾座中心调整到与主轴轴线重合的位置，否则铰出的圆锥孔不正确，表面质量也不高。

根据圆锥孔直径大小、锥度大小和精度高低不同，铰圆锥孔有以下三种工艺方法。

▼ 铰圆锥孔的三种工艺方法

工艺方法	说 明	图 示
钻—车—铰	当圆锥孔的直径和锥度较大，且有较高的位置精度要求时，可以先钻底孔，然后粗车成圆锥孔，并在直径上留铰削余量 0.1～0.2mm，再用铰刀铰削	

（续）

工艺方法	说明	图　示
钻—铰	当圆锥孔的直径和锥度较小时，可以先钻底孔，然后用锥形粗铰刀铰圆锥孔，最后用精铰刀铰削而成	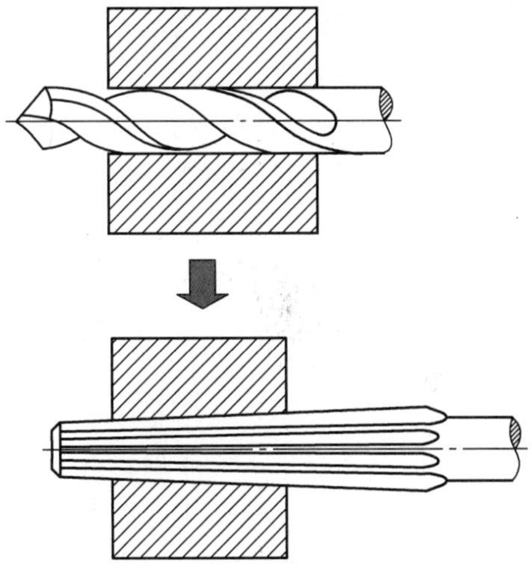
钻—扩—铰	当圆锥孔的长度较长、余量较大，且有一定的位置精度要求时，可以先钻圆锥孔，然后用扩孔钻扩孔成阶梯孔，最后用粗铰刀、精铰刀铰孔	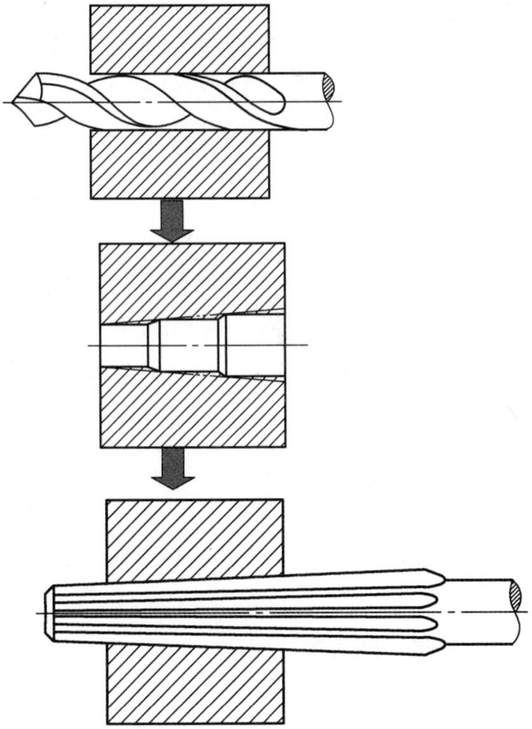

提示:

1）铰圆锥孔时，铰刀轴线必须与主轴轴线重合；铰圆锥孔时，可以将铰刀装夹在浮动夹头上，浮动夹头装在尾座套筒锥孔中，以免因铰孔时由于轴线偏斜而引起工件孔径扩大。

2）圆锥孔的精度和表面质量是由铰刀的切削刃保证的，因而铰刀切削刃必须保护很好，不准碰毛，使用前要先检查切削刃是否完好；铰刀磨损后，应在工具磨床上修磨（不要用磨石研磨刃带）；铰刀用毕要擦干净，涂上防锈油，并妥善保管。

3）铰圆锥孔时，要求孔内清洁、无切屑及表面粗糙度 Ra 值较小；在铰孔过程中应经常退出铰刀，清除切屑，并加注充足的切削液冲刷孔内切屑，以防止由于切屑过多使铰刀在铰孔过程中卡住，造成工件报废。

4）铰圆锥孔时，车床主轴只能正转，不能反转，否则会使铰刀切削刃损坏。

5）铰圆锥孔时，若碰到铰刀锥柄在尾座套筒内打滑旋转，必须立即停车，绝不能用手抓，以防划伤手；铰孔完毕，应先退铰刀后停车。

6）铰内圆锥孔时，手动进给应慢而均匀。

4.2　成形面的车削

由于设计和使用方面的需要，有些工件表面的素线不是直线，而是一些曲线，如手柄、手轮和圆球等成形面。

▲ 单球手柄

▲ 三球手柄

▲ 摇手柄

4.2.1　双手控制法车成形面

1. 车削原理

在单件加工时，通常采用双手控制法车削成形面。双手控制法就是用双手控制中、小滑板或者用双手控制中滑板与床鞍，通过双手的协同操作，使刀尖的运动轨迹与零件表面的素线（曲线）重合，车出所要求的成形面。

在实际生产中，由于用双手控制中、小滑板合成运动的劳动强度较大，而且操作也不方便，因而不经常采用，常采用的是用右手操纵中滑板手柄实现刀具的横向运动（应由外向内进给），用左手操纵床鞍实现刀尖的纵向运动（应由工件高处向低处进给），通过这两个方向运动的合成来车成形面。

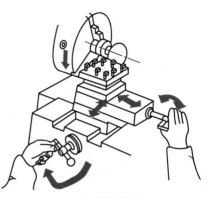

▲ 双手控制法

2. 单球手柄球形长度 L 的计算

在车削单球手柄时，应先按圆球直径 D 和柄部直径 d 车成两级外圆（留精车余量 0.2 ~ 0.3mm），并车准球状部分长度 L。正确计算球形长度是保证球形形状精度的前提条件，球形长度可用下式计算

$$L = \frac{1}{2}(D + \sqrt{D^2 - d^2})$$

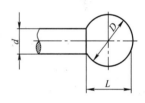

▲ 单球手柄球形 L 的计算

式中　L——球形长度（mm）；

　　　D——圆球直径（mm）；

　　　d——柄部直径（mm）。

3. 车削速度分析

在双手控制法车成形面的车刀刀尖速度运行轨迹图上，车刀刀尖位于各位置上的横向、纵向进给速度是不相同的。车削 a 点时，中滑板横向进给速度 v_{ay} 要比床鞍纵向进给速度 v_{ax} 慢，否则车刀会快速切入工件，而使工件直径变小；车削 b 点时，中滑板横向进给速度 v_{bc} 与床鞍纵向进给速度 v_{bx} 相等；车削 c 点时，中滑板横进给速度 v_{cy} 要比床鞍纵向进给速度 v_{cx} 快，否则车刀就会离开工件表面，而车不到中心。

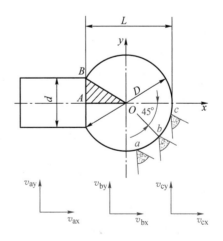

▲ 双手控制法车成形面时车刀运行速度的分析

提示：
1）双手控制法的关键是协调、熟练。
2）为了使每次接刀过渡圆滑，应采用主切削刃为圆头的车刀。

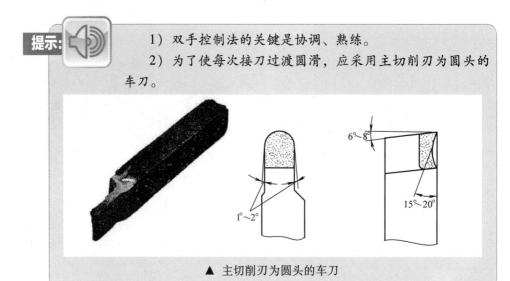

▲ 主切削刃为圆头的车刀

4. 车削方法

以单球手柄为例来讲述双手控制法车成形面的加工方法。

1）车出圆球直径 D（留余量 0.2mm）。

2）切槽控制球形长度 L 及柄部直径 d。

3）从右端面量起，以半径 R 为长度，划出圆球中心，以保证车圆球时左、右球面的对称。

4）为了减少车圆球时的车削余量，可先用 45°车刀将圆球外圆两端倒角后再进行车削。

5）用半径为 2~3mm 的圆头车刀从最高点 a 向左（c 点）、右（b 点）方向逐步把余量车去。

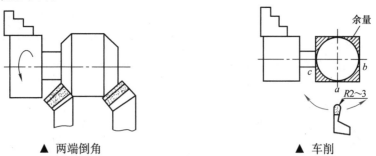

▲ 两端倒角   ▲ 车削

6）样板检测。样板应对准工件中心，观察样板与工件之间间隙的大小，并根据间隙情况进行修整。也可用千分尺检测，检测时，千分尺测微螺杆轴线应通过工件球面中心，并应多次变化测量方向，根据测量结果进行修整。合格的球面，各测量方向所测得的量值应在图样规定的范围内。

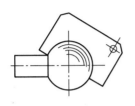

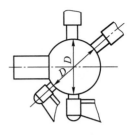

▲ 样板检测 　　　　　　　▲ 千分尺检测

提示：　　1）为保证柄部与球面连接处的轮廓清晰，一般要用矩形车槽刀车削或用半圆锉进行锉削。

2）双手控制法车成形面时，为保证球面外形的正确，在车削过程中应一边车削一边检测。

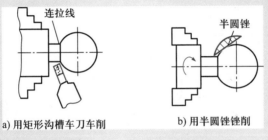

a) 用矩形沟槽车刀车削　　　b) 用半圆锉锉削

▲ 柄部与球面连接部位的修整方法

5. 球面抛光的方法

双手控制法车球面时，往往由于进给不均匀使球面留下高低不平的车削痕迹，必须采用表面抛光的方法来达到所要求的表面粗糙度。

（1）用锉刀修整球面　一般选用平锉或半圆锉，沿着圆弧面锉削。在车床上锉削时应左手握锉刀柄，右手扶住锉刀的前端进行锉削。锉刀向前推出时加压力，返回时不加压力，锉刀的工作长度要长一些，推锉时速度稍慢，一般控制在 30 次/min 左右。

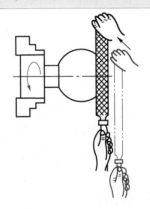

▲ 用锉刀修整圆球时的握法

（2）用砂布抛光球面　用锉刀修整表面后往往会有锉痕，因此也必须用砂布抛光的方法去除。开始抛光时用粗砂布，最后用 00 号或 0 号细砂布。

用砂布抛光有两种操作方法：一是将砂布垫在锉刀下面，用类似锉削的方法进行抛光；另一种是用双手捏住砂布两端，在成形面上抛光。

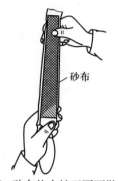

砂布

▲ 砂布垫在锉刀下面抛光

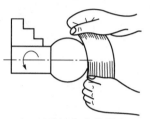

▲ 双手捏住直接抛光

 练一练: 按要求用双手控制法完成下图所示工件球面的车削。

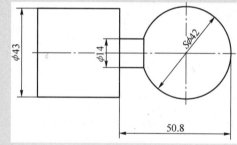

技术要求

1.全部：$Ra1.6\mu m$。
2.材料准备：接轴类工件车削工件。

▲ 双手控制法车球面练习件加工图样

双手控制法车球面练习件加工的步骤见下表。

▼ 双手控制法车削球面练习件加工的步骤

① 工件装夹	② 车圆球外圆

▲ 用自定心卡盘夹工件一端，找正夹紧	▲ 车圆球外径尺寸 $\phi42mm$，留余量 0.2mm

（续）

③ 车槽	④ 划中心线

▲ 用车槽刀车出柄部直径 φ14mm 和宽度至图样要求	▲ 以右端面为基准，在长 21mm 处划出圆球中心线
⑤ 车右半球	⑥ 车左半球

▲ 用 90°车刀粗车出右半球轮廓形状	▲ 用车槽刀粗车出左半球轮廓形状

⑦ 检测修整

▲ 用半径样板检测圆球，并根据情况进行修整，车出圆球

4.2.2 成形面的其他车削方法

其他方法包括成形法、仿形法和专用工具车削法。

1. 成形法

成形法是用成形车刀（即切削刃的形状与工件成形表面轮廓形状相同的车刀）对工件进行加工的方法。它适用于数量较多、轴向尺寸较小的成形面的车削。

▼ 成形刀的分类、说明、外形结构及应用

分类	说明	外形结构	应用	
			说明	图示
整体式	它是将切削刃磨成和成形面轮廓素线相同的曲线形状	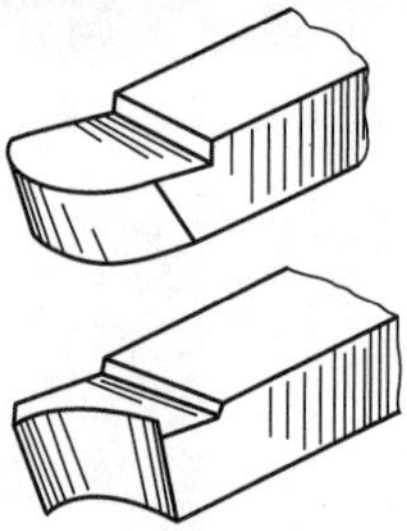	常用于车削简单的成形面	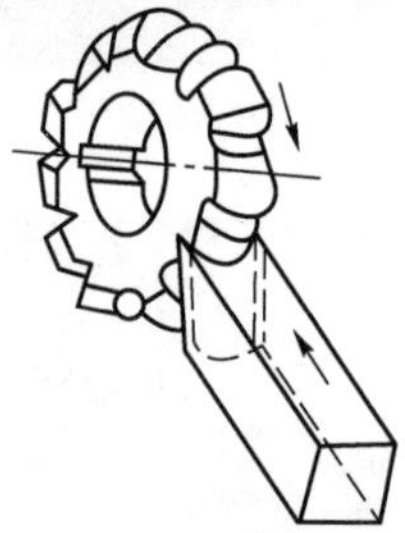
棱形	由刀头和弹性刀柄两部分组成。刀头的切削刃按工件的形状在工具磨床上磨出，刀头后部的燕尾块装夹在弹性刀柄的燕尾槽中，并用紧固螺栓紧固	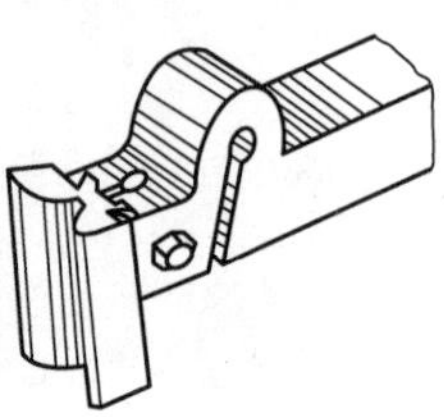	加工精度高，使用寿命长，但制造复杂，主要用于车削较大直径的成形面	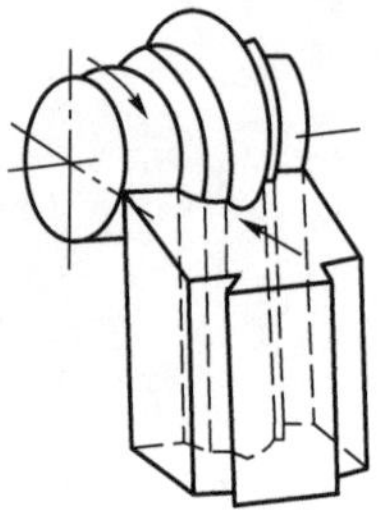
圆轮	这种成形刀做成圆轮形，在圆轮上开有缺口，从而形成前面和主切削刃。使用时圆轮成形刀装夹在刀柄或弹性刀柄上。为防止圆轮成形刀转动，侧面有端面齿，使之与刀柄侧面上的端面齿啮合	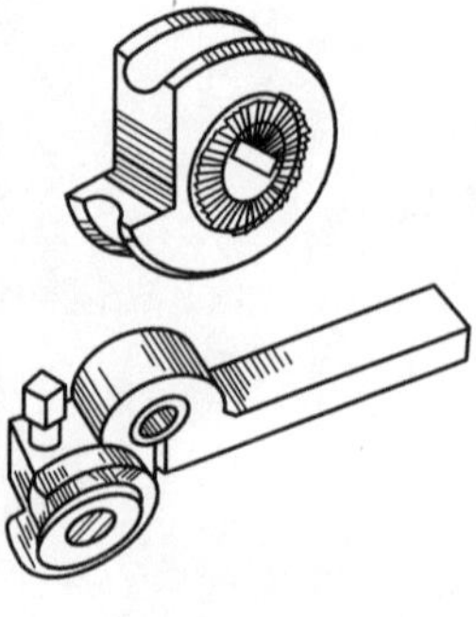	适用于加工内、外成形面	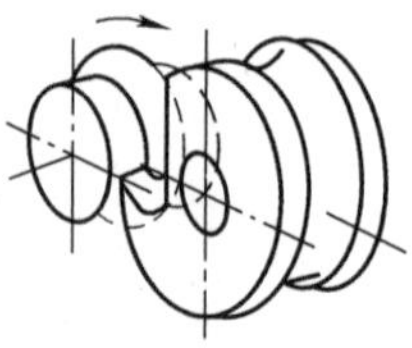

2. 仿形法

按照刀具仿形装置进给对工件进行加工的方法称为仿形法。仿形法车成形面

128

是一种加工质量好、生产率高的先进车削方法，特别适合质量要求较高、批量较大的生产。仿形法车成形面的方法很多，下面介绍两种主要方法。

▼ 仿形法的分类、说明、图示及应用特点

分类	说明	图示	应用特点
尾座靠模仿形法	把一个标准样件（即靠模）装在尾座套筒内。在刀架上装上一把长刀夹，长刀夹上装有圆头车刀和靠模杆。车削时，用双手操纵中、小滑板（或使用床鞍自动进给和用手操纵中滑板相配合），使靠模杆始终贴在标准样件上，并沿着标准样件的表面移动，圆头车刀就在工件上车出与标准样件相同的成形面	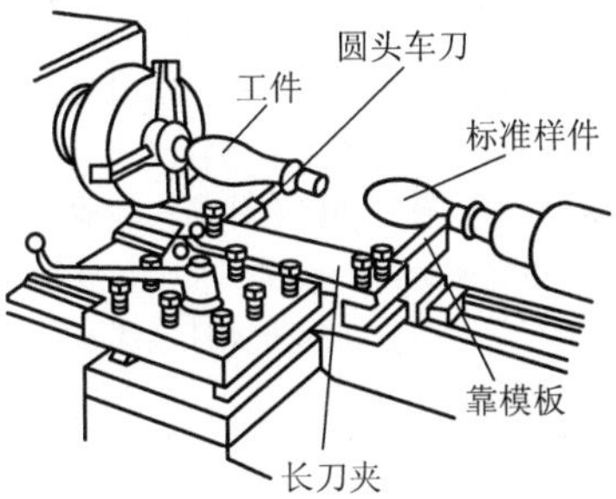	这种方法在一般车床上都能使用，但操作不太方便
靠模板仿形法	它实际上与车圆锥体用的仿形法基本相同，只需把锥度靠模板换成一个带有曲线槽的靠模板，并将滑块改为滚柱即可。其加工原理是在床身的后面装上支架和靠模板，滚柱通过拉杆与中滑板连接。当床鞍移动时，滚柱在靠模板的曲线槽中移动，使车刀刀尖作相应的曲线运动，这样也可车出成形面工件。与仿形法车圆锥体类似，中滑板的丝杠应抽出，并将小滑板转过90°以代替中滑板进给	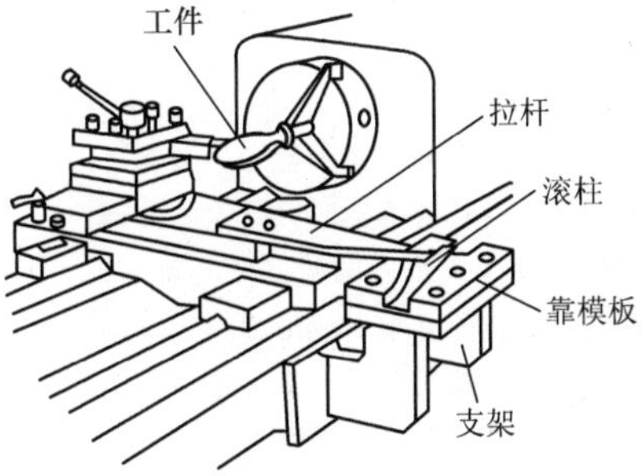	这种方法操作方便，生产率高，成形面形状准确，质量稳定，但只能加工成形面形状变化不大的工件

3. 专用工具车削法

专用工具车削法包括圆筒形刀具车削法、铰链推杆车削法与蜗杆副车削法三种。

▼ 专用工具车削法的分类、说明及图示

分类	说明	图示
圆筒形刀具车削法	圆筒形刀具的切削部分是一个圆筒，其前端磨斜 15°，形成一个圆的切削刃口。其尾柄和特殊刀柄应保持 0.5mm 的配合间隙，并用销轴浮动连接，以自动对准圆球面中心。用圆筒形刀具车圆球面工件时，一般应先用圆弧刃车刀大致粗车成形，再将圆筒形刀具的径向表面中心调整到与车床主轴轴线成一夹角 α，最后用圆筒形刀具把圆球面车削成形。该方法简单方便、易于操作、加工精度较高，适用于车削青铜、铸铝等脆性金属材料的带柄圆球面工件	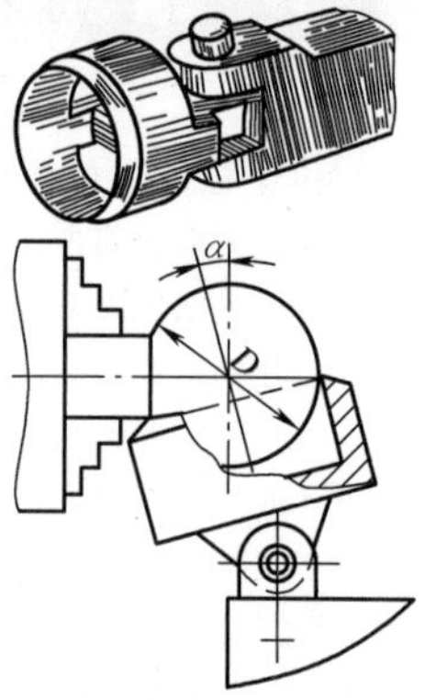
铰链推杆车削法	较大的球面内孔可用此方法车削。将有球面内孔的工件装夹在卡盘中，在两顶尖间装夹刀柄，圆弧刃车刀反装，车床主轴仍然正转，在刀架上安装推杆，推杆两端用铰链连接。当刀架纵向进给时，圆头车刀在刀柄中转动，即可车出球面内孔	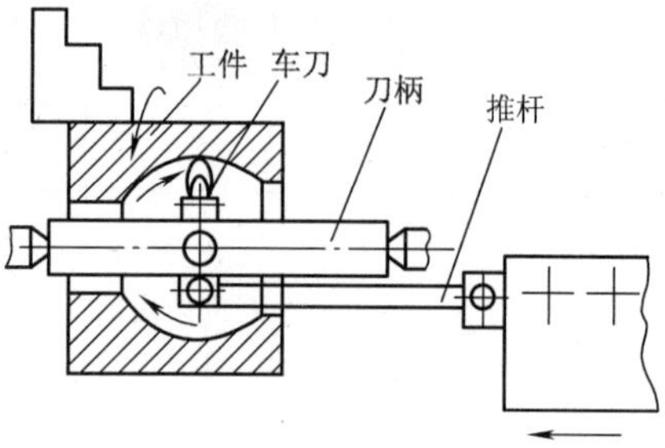
蜗杆副车削法	车内、外成形面时先把车床小滑板拆下，装上成形面工件。刀架装在圆盘上，圆盘下面装有蜗杆副。当转动手柄时，圆盘内的蜗杆就带动蜗轮使车刀绕着圆盘的中心旋转，刀尖作圆周运动，即可车出成形面。为了调整成形面半径，在圆盘上制出 T 形槽，以使刀架在圆盘上移动。当刀尖调整得超过中心时，就可以车削内成形面	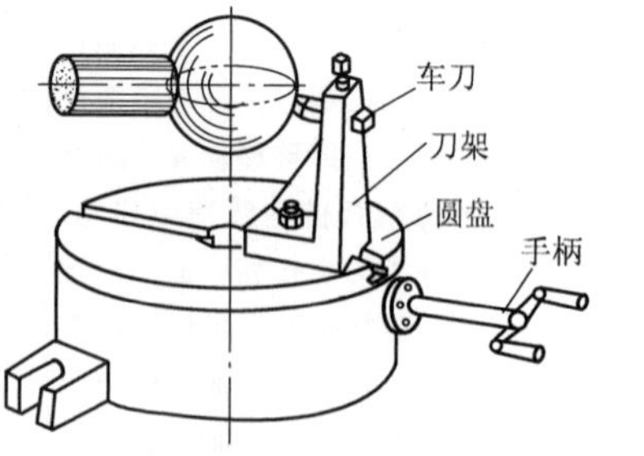

4.3 滚花

有些零件的某些表面需要增加摩擦阻力，便于使用或使零件表面美观，通常在零件表面滚压出各种不同的花纹，如滚花螺钉和游标卡尺上微调装置的滚花螺母等。

▲ 滚花螺钉 　　　　　　　 ▲ 游标卡尺上微调装置的滚花螺母

4.3.1 滚花的种类与标记

1. 滚花的种类

滚花的花纹有直纹和网纹两种。花纹有粗、细之分，并用模数 m 区分，模数越大，花纹越粗。

▲ 直纹 　　　　　　　　　　 ▲ 网纹

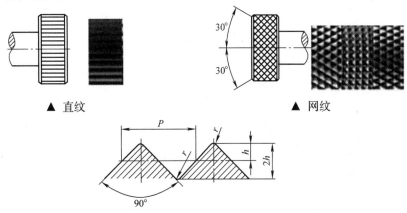

▲ 花纹的形式

2. 滚花的标记

▼ 滚花的标记

标记	含义
直纹　m0.3　GB/T 6403.3—2008	模数 $m = 0.3$mm 的直纹滚花
网纹　m0.4　GB/T 6403.3—2008	模数 $m = 0.4$mm 的网纹滚花

▼ 滚花的规格　　　　　　　　　　　　　　　　　　　　　　（单位：mm）

模数 m	h	r	节距 $P = \pi m$
0.2	0.132	0.06	0.628
0.3	0.198	0.09	0.942
0.4	0.264	0.12	1.257
0.5	0.326	0.16	1.571

注：表中 $P = \pi m = 3.14m$，$h = 0.785m - 0.414r$；滚花后工件的直径大于滚花前直径，其值 $\Delta \approx (0.8 \sim 1.6) \, m$。

4.3.2 滚花刀

车床上用来滚花的刀具称为滚花刀。滚花刀有单轮、双轮和六轮三种。

▼ 滚花刀的种类、图示、结构与作用

种类	图示	结构与作用
单轮		单轮滚花刀由直纹滚轮和刀柄组成，用来滚直纹
双轮		双轮滚花刀由两只旋向不同的滚轮、浮动连接头及刀柄组成，用来滚网纹
六轮		六轮滚花刀有 4 对不同模数的滚轮，可以根据需要滚出 3 种不同模数的网纹

4.3.3 滚花的方法

1. 滚花前工件直径的确定

滚花过程是利用滚花刀的滚轮来滚压工件表面的金属层，使其产生一定的塑性变形而形成花纹，随着花纹的形成，滚花后工件直径会增大。所以一般在滚花前，应根据工件材料的性质和花纹模数的大小，将工件滚花表面的直径车小 $(0.8 \sim 1.6)$ m。

2. 滚花刀的装夹

1）滚花刀装夹在车床方刀架上，滚花刀的滚轮轴线与工件回转中心等高。

2）滚压有色金属或滚花表面要求较高的工件时，滚花刀滚轮轴线应与工件轴线平行。

3）滚压碳素钢或滚花表面要求一般的工件时，可使滚花刀刀柄尾部向左倾斜 3° ~ 5°安装，以便于切入工件表面且不易产生乱纹。

▲ 平行装夹

▲ 倾斜装夹

3. 滚花操作要点

1）在滚花刀接触工件开始滚压时，挤压力要大且猛一些，使工件圆周上一开始就形成较深的花纹，这样就不易产生乱纹。

2）为了减小滚花开始时的背向力，可以使滚轮表面宽度的 1/3 ~ 1/2 与工件接触，使滚花刀容易切入工件表面。在停车检查花纹符合要求后，即可纵向机动进给。

3）滚花时，应选低的切削速度，一般为 5 ~ 10m/min。纵向进给量可选择大些，一般为 0.3 ~ 0.6mm/r。

4）滚花时，应充分浇注切削液以润滑滚轮和防止滚轮发热损坏，并经常清除滚压产生的切屑。

5）滚花时径向力很大，所以工件必须装夹牢靠。由于滚花时出现的工件移位现象难以完全避免，所以车削带有滚花表面的工件时，滚花应安排在粗车之后、精车之前进行。

提示：

1）滚直纹时，滚花刀的齿纹必须与工作轴线平行，否则挤压的花纹不直。

2）细长工件滚花时，要防止顶弯工件；薄壁工件要防止变形。

3）在滚花的过程中，不能用手或棉纱去接触工件滚花面。

4）注意控制滚花时的切削用量，当压力过大、进给过慢时，滚花表面往往会滚出台阶和凹坑。

 **练一练:** 按要求完成下图所示工件的滚花。

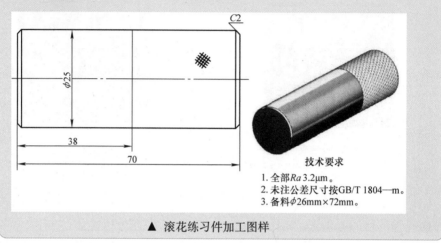

技术要求
1. 全部 *Ra* 3.2μm。
2. 未注公差尺寸按GB/T 1804—m。
3. 备料φ26mm×72mm。

▲ 滚花练习件加工图样

  滚花练习件加工的步骤见下表。

▼ 滚花练习件加工的步骤

① 工件的装夹	② 车端面

▲ 工件采用自定心卡盘直接装夹,保证伸出长度大于45mm,找正夹紧	▲ 用90°外圆车刀车左端面(车平即可)

（续）

③ 车 φ25mm 外圆	④ 倒角

▲ 粗、精车 φ25mm 外圆至尺寸要求，长度稍大于 38mm	▲ 用 45° 车刀对 φ25mm 外圆倒角 C2
⑤ 调头	⑥ 控制总长

▲ 工件调头夹 φ25mm 外圆，伸出长度为 38mm ± 1mm，找正夹紧（工件找正时要找正已加工表面）	▲ 粗、精车右端面，保证总长 70mm 至尺寸要求

（续）

⑦ 车 ϕ25mm 外圆	⑧ 倒角

▲ 粗、精车 ϕ25mm 外圆至尺寸要求，长度稍大于32mm	▲ 用45°车刀对 ϕ25mm 外圆倒角 *C*2

⑨ 滚花

▲ 用滚花刀对工件进行滚花

第 5 章 螺纹的车削

在各种机器产品中，带有螺纹的零件应用非常广泛，它主要用作联接件和传动件，如在车床方刀架上用多个螺钉实现对车刀的装夹，在车床丝杠与开合螺母之间利用螺纹传递动力。

▲ 方刀架

▲ 长丝杠

5.1 螺纹的种类与基本要素

5.1.1 螺纹与螺旋线

1. 螺旋线

螺旋线是沿着圆柱（或圆锥）表面运动的点的轨迹，该点的轴向位移和相应的角位移成正比。它可看成是底边等于圆柱周长为 πd_2 的直角 $\triangle ABC$ 绕圆柱旋转一周，斜边 AC 在该表面上所形成的曲线。

2. 螺纹

在圆柱（或圆锥）表面上，沿着螺旋线所形成的具有规定牙型的、连续的凸起和沟槽，称为螺纹。

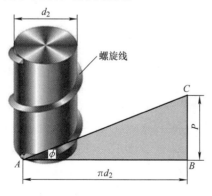

▲ 螺旋线的形成原理

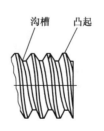 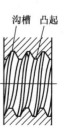

▲ 螺纹

137

5.1.2 螺纹的种类

螺纹的应用广泛且种类繁多，可从用途、牙型、螺旋线方向、线数等方面进行分类。

1. 按牙型分类

螺纹按牙型分类的基本情况见下表。

▼ 螺纹按牙型分类

分类	图示		特点说明	应用
	牙型	结构		
三角形			牙型为三角形，牙型角为60°；粗牙螺纹应用最广	用于各种紧固、联接、调节等
矩形			牙型为矩形，牙型角为0°；其传动效率高，但牙根强度低，精加工困难	用于螺旋传动
锯齿形		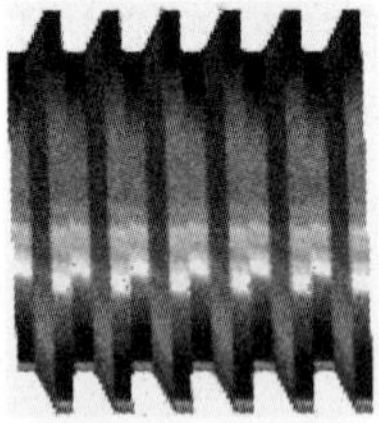	牙型为锯齿形，牙型角为33°；牙根强度高	用于单向螺旋传动（多用于起重机械或压力机械）
梯形	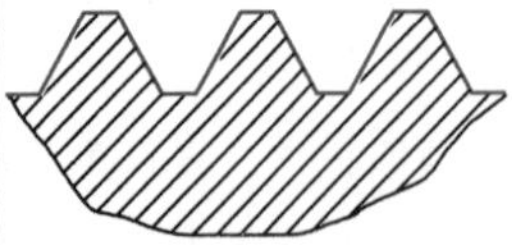		牙型为梯形，牙型角为30°；牙根强度高，易加工	广泛用于机床设备的螺旋传动

2. 按螺旋线方向分类

螺纹按旋向分类可分为左旋和右旋螺纹。顺时针方向旋入的螺纹为右旋螺纹，逆时针方向旋入的螺纹为左旋螺纹。

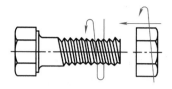

▲ 右旋螺纹

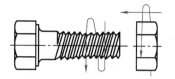

▲ 左旋螺纹

　右旋螺纹和左旋螺纹的螺旋线方向可用左、右手定则来判断，即把螺纹铅垂放置，右侧高的为右旋螺纹，左侧高的为左旋螺纹。也可以用右手法则来判断，即伸出右手，掌心对着自己，四指并拢与螺纹轴线平行，并指向旋入方向，若螺纹的旋向与拇指的指向一致，则为右旋螺纹，反之则为左旋螺纹。一般常用右旋螺纹。

▲ 右旋螺纹旋向的判断

▲ 左旋螺纹旋向的判断

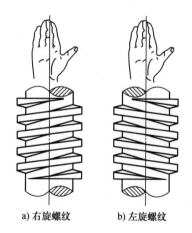

a) 右旋螺纹　　b) 左旋螺纹

▲ 用右手法则判断螺纹的旋向

3. 按螺旋线数分类

螺纹按螺旋线数分类可分为单线螺纹和多线螺纹。

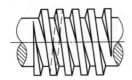

▲ 单线螺纹

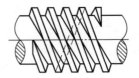

▲ 多线螺纹

提示: 　　　单线螺纹是沿一条螺旋线所形成的螺纹，多用于螺纹联接；多线螺纹是沿两条（或两条以上）在轴向等距分布的螺旋线所形成的螺纹，多用于螺旋传动。

4. 按螺旋线形成表面分类

按螺旋线形成表面分类，螺纹可分为外螺纹和内螺纹。

▲ 外螺纹

▲ 内螺纹

5. 按螺纹母体形状分类

螺纹按螺纹母体形状可分为圆柱螺纹和圆锥螺纹。

▲ 圆柱螺纹

▲ 圆锥螺纹

5.1.3　螺纹的基本要素

尽管螺纹有多种牙型，但它们均由一些基本要素构成（以普通螺纹为例，其基本要素的释义见下表）。

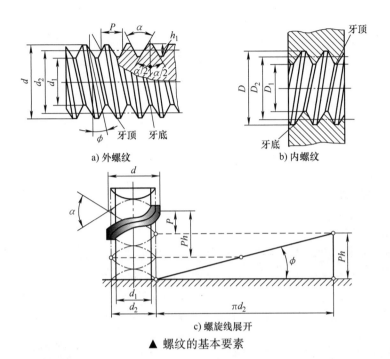

a) 外螺纹

b) 内螺纹

c) 螺旋线展开

▲ 螺纹的基本要素

▼ 螺纹基本要素的释义

名称	代号		含　义
	外螺纹	内螺纹	
牙型角	α		在螺纹牙型上，相邻两牙侧间的夹角（普通螺纹牙型角 $\alpha = 60°$）
牙型高度	h_1		在螺纹牙型上，牙顶到牙底在垂直于螺纹轴线方向上的距离
螺纹大径	d	D	与外螺纹牙顶或内螺纹牙底相切的假想圆柱或圆锥的直径。外螺纹和内螺纹的大径分别用 d 和 D 表示（螺纹公称直径是代表螺纹尺寸的直径，一般是指螺纹大径的基本尺寸）
螺纹小径	d_1	D_1	与外螺纹牙底或内螺纹牙顶相切的假想圆柱或圆锥的直径。外螺纹和内螺纹的小径分别用 d_1 和 D_1 表示
螺纹中径	d_2	D_2	螺纹中径是指一个假想圆柱或圆锥的直径，该圆柱或圆锥的素线通过牙型上沟槽和凸起宽度相等的地方。同规格的外螺纹中径 d_2 和内螺纹中径 D_2 的公称尺寸相等
螺距	P		相邻两牙在中径线上对应两点间的轴向距离
导程	Ph		同一条螺旋线上相邻两牙在中径线上对应两点间的轴向距离。导程可按下式计算 $$Ph = nP$$ 式中　Ph——导程（mm）； 　　　　n——线数； 　　　　P——螺距（mm）

141

（续）

名称	代号 外螺纹	代号 内螺纹	含 义
螺纹升角		ϕ	在中径圆柱或中径圆锥上，螺旋线的切线与垂直于螺纹轴线的平面的夹角称为螺纹升角。螺纹升角可按下式计算 $$\tan\phi = Ph/(\pi d_2) = nP/(\pi d_2)$$ 式中　ϕ——螺纹升角（°）；　　P——螺距（mm）；　　d_2——中径（mm）；　　n——线数；　　Ph——导程（mm）

5.1.4　螺纹的标记

常用螺纹的标记见下表。

▼ 常用螺纹的标记

螺纹种类			特征代号	牙型角	标记实例	标记方法
普通螺纹	粗牙		M	60°	M16 - 6g - L - LH 示例说明：M—粗牙普通螺纹；16—公称直径；6g—中径和顶径公差带代号；L—长旋合长度；LH—左旋	1. 粗牙普通螺纹不标螺距 2. 右旋不标旋向代号 3. 旋合长度有长旋合长度 L、中等旋合长度 N 和短旋合长度 S，中等旋合长度不标注 4. 螺纹公差带代号中，前者为中径公差带代号，后者为顶径公差带代号，两者相同时则只标一个，两者不同时均需标注
	细牙		M	60°	M16×1 - 6H7H 示例说明：M—细牙普通螺纹；16—公称直径；1—螺距；6H—中径公差带代号；7H—顶径公差带代号	
管螺纹	55°非密封管螺纹		G	55°	G1A 示例说明：G—55°非密封管螺纹；1—尺寸代号；A—外螺纹公差等级代号	尺寸代号：在向米制转化时，已为人熟悉的、原代表螺纹公称直径（单位为英寸）的简单数字被保留下来，没有换算成 mm，不再称为公称直径，也不是螺纹本身的任何直径尺寸，只是无单位的代号 右旋不标旋向代号
	55°密封管螺纹	圆锥内螺纹	Rc	55°	Rc1½LH 示例说明：Rc—圆锥内螺纹，属于55°密封管螺纹；1—尺寸代号；LH—左旋	
		圆柱内螺纹	Rp			
		与圆柱内螺纹配合的圆锥外螺纹	R_1			
		与圆锥内螺纹配合的圆锥外螺纹	R_2			
	60°密封管螺纹	圆锥管螺纹（内外）	NPT	60°	NPT3/4 - LH 示例说明：NPT—圆锥管螺纹，属于60°密封管螺纹；3/4—尺寸代号；LH—左旋	
		与圆锥外螺纹配合的圆柱内螺纹	NPSC	60°	NPSC3/4 示例说明：NPSC—与圆锥外螺纹配合的圆柱内螺纹，属于60°密封管螺纹；3/4—尺寸代号	

（续）

螺纹种类			特征代号	牙型角	标记实例	标记方法
管螺纹	米制密封螺纹	圆锥螺纹	Mc	60°	Mc14 – S 示例说明：Mc—圆锥螺纹；14—公称直径；S—短基距（标准基距可省略）	右旋不标旋向代号
		圆柱内螺纹	Mp			
梯形螺纹			Tr	30°	Tr36 × 12（P6）–7H 示例说明：Tr—梯形螺纹；36—公称直径；12—导程；P6—螺距为6mm；7H—中径公差带代号；右旋，双线，中等旋合长度	1. 单线螺纹只标螺距，多线螺纹应同时标导程和螺距 2. 右旋不标旋向代号 3. 旋合长度只有长旋合长度和中等旋合长度两种，中等旋合长度不标 4. 只标中径公差带代号
锯齿形螺纹			B	33°	B40 × 7 –7H 示例说明：B—锯齿形螺纹；40—公称直径；7—螺距；7H—公差带代号	
矩形螺纹				0°	矩形 40 × 8 示例说明：40—公称直径；8—螺距	

5.2　普通螺纹车刀的刃磨

5.2.1　普通螺纹车刀的种类与几何形状

1. 高速钢外螺纹车刀

为了车削顺利，粗车刀应选用较大的背前角（$\gamma_p = 15°$）。它的径向后角取 $6° \sim 8°$，两侧后角进刀方向为 $(3° \sim 5°) + \phi$，背进刀方向为 $(3° \sim 5°) - \phi$。刀尖处还应适当倒圆角。为了获得较正确的牙型，精车刀应选用较小的背前角（$\gamma_p = 6° \sim 10°$）。其刀尖角应等于牙型角。

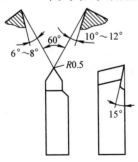

▲ 粗车刀

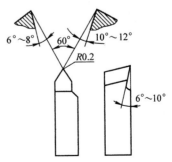

▲ 精车刀

▲ 高速钢外螺纹车刀

2. 高速钢内螺纹车刀

内螺纹车刀除了其切削刃几何形状应具有外螺纹车刀的几何形状特点外，还应具有内孔车刀的特点。由于内螺纹车刀的大小受内螺纹孔径的限制，所以内螺纹车刀刀体的径向尺寸应比螺纹孔径小 3 ~ 5mm 以上。

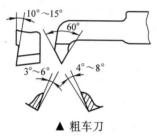

▲ 粗车刀

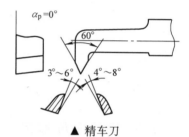

▲ 精车刀

3. 硬质合金外螺纹车刀

硬质合金外螺纹车刀的径向前角应为 $0°$，后角取 $4° ~ 6°$，在车削较大螺距（$P > 2mm$）以及材料硬度较高的螺纹时，在车刀两侧切削刃上磨出宽度 $b_{r1} = 0.2 ~ 0.4mm$、$\gamma_{o1} = -5°$ 的

▲ 高速钢内螺纹车刀

倒棱。因为在调整切削时牙型角会扩大，所以其刀尖角要适当减小 $30'$，且刀尖处还应适当倒圆。

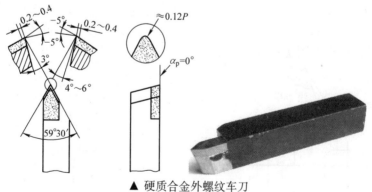

▲ 硬质合金外螺纹车刀

4. 硬质合金内螺纹车刀

硬质合金内螺纹车刀的基本结构特点与高速钢内螺纹车刀相同。

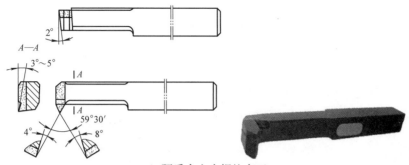

▲ 硬质合金内螺纹车刀

5.2.2 普通螺纹车刀的刃磨要求与方法

1. 刃磨要求

螺纹车刀刃磨要求为：

1）刀尖角应等于牙型角。

2）螺纹车刀的两个切削刃必须刃磨平直，且不能出现崩刃。

3）螺纹车刀切削部分不能歪斜，刀尖半角应对称。

4）螺纹车刀的前面与两个主后面的表面粗糙度值要小。

5）内螺纹车刀的后角应适当增大，通常磨成双重后角。

6）刃磨时，站立姿势要正确。在刃磨整体式内螺纹车刀内侧时，注意不能将刀尖磨歪斜。

7）刃磨切削刃时，要稍带左右、上下移动，这样容易使切削刃平直。

2. 外螺纹车刀的刃磨

▼ 外螺纹车刀的刃磨

① 粗磨左侧后面	② 粗磨右侧后面

▲ 双手握刀，使刀柄与砂轮外圆水平方向成30°夹角、垂直方向倾斜8°~10°。车刀与砂轮接触后稍加压力，并均匀慢慢移动磨出后面，即磨出牙型半角及左侧后角	▲ 再磨背向进给方向侧刃，控制刀尖角 ε_r 及后角 α_o。方法同粗磨左侧后面

（续）

③ 粗、精磨前面	④ 精磨两侧后角

▲ 使车刀前面与砂轮水平面方向成10°~15°，同时在垂直方向作微量倾斜，使左侧切削刃略低于右侧切削刃。前面与砂轮接触后稍加压力刃磨，逐渐磨至近刀尖处，即磨出背前角

▲ 两手握刀，按粗磨左后面的方法精修左后面

⑤ 精磨两侧后角	

▲ 两手握刀，按粗磨右后面的方法精修右后面

▲ 刀尖角用螺纹样板检查，不合要求应修正

（续）

⑥ 修磨刀尖	⑦ 研磨
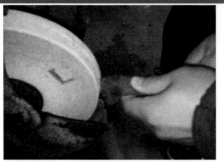	
▲ 使车刀刀尖对准砂轮外圆，后角保持不变，刀尖移向砂轮。当刀尖处碰到砂轮时，作圆弧摆动，按要求磨出刀尖圆弧（刀尖倒棱或磨成圆弧，宽度约为 0.1P）	▲ 用磨石研磨，注意保持刃口锋利

提示:

1) 刃磨车削窄槽、高台阶的螺纹车刀时，应将螺纹车刀进给方向一侧的切削刃磨短些，否则车削时不利于退刀，易擦伤轴肩。

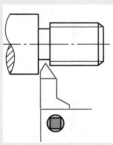 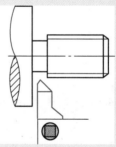

▲ 车削窄槽、高台阶的螺纹车刀

2) 刃磨有径向前角的螺纹车刀时，必须对刀尖角进行修正。

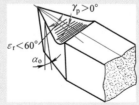

▲ 有径向前角的螺纹车刀

3) 刃磨切削刃时，要稍带作左、右移动，这样能使切削刃平直。

▼ 前面上的刀尖角的修正值

修正值 / 背前角 \ 牙型角	60°	55°	40°	30°	29°
0°	60°	55°	40°	30°	29°
5°	59°48′	54°48′	39°51′	29°53′	28°53′
10°	59°14′	54°16′	39°26′	29°33′	28°34′
15°	58°18′	53°23′	38°44′	29°1′	28°3′
20°	56°57′	52°8′	37°45′	28°16′	29°19′

3. 内螺纹车刀的刃磨

▼ 内螺纹车刀的刃磨

① 刃磨伸出刀杆部分	② 粗磨进给方向后面

▲ 根据螺纹长度和牙型深度，刃磨出留有刀头的伸出刀杆部分	▲ 刀杆与砂轮圆周夹角约 $\varepsilon_r/2$，刀面向外倾斜，控制刀尖半角及进给方向后角

（续）

③ 粗磨背向进给方向后面	④ 刃磨前面

▲ 刀杆与砂轮圆周夹角约 $\varepsilon_{\mathrm{r}}/2$，刀面向外倾斜，初步控制刀尖角及背向进给方向后角	▲ 左手握住刀头，右手握住刀柄，粗、精磨前面
⑤ 精磨两侧后面	⑥ 修磨刀尖
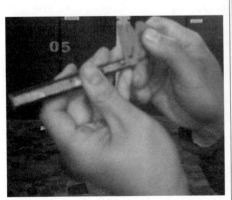	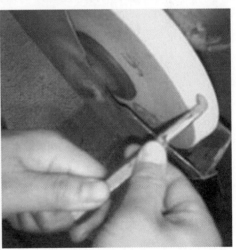
▲ 精磨两侧后面，刀尖角用样板检测	▲ 使车刀刀尖对准砂轮外圆，修磨刀尖（刀尖倒棱或磨成圆弧，宽度约为 $0.1P$）

（续）

⑦ 刃磨径向后角

▲ 为防止与螺纹顶径相碰，刀头下部磨出圆弧，以形成两个后角

 提示：　刃磨内螺纹车刀时，刀尖角平分线应垂直于刀柄，否则，在车削内螺纹时刀柄部分会碰伤内螺纹小径。

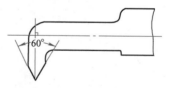

▲ 内螺纹车刀的刃磨要求

5.3 梯形螺纹车刀的刃磨

5.3.1 梯形螺纹车刀的种类与几何角度

1. 高速钢梯形外螺纹车刀

（1）粗车刀　高速钢梯形外螺纹粗车刀刀尖角应小于牙型角，刀尖宽度应小于牙型槽底宽（$2/3W$）。径向前角取 $10° \sim 15°$，径向后角取 $6° \sim 8°$，两侧后角进刀方向为（$3° \sim 5°$）$+\phi$，背进刀方向为（$3° \sim 5°$）$-\phi$，刀尖处应适当倒圆。

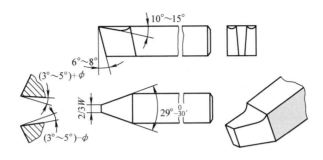

▲ 高速钢梯形外螺纹粗车刀

（2）精车刀　高速钢梯形外螺纹精车刀径向前角为0°，其刀尖角应等于牙型角，即30°，径向后角取6°~8°，两侧后角进刀方向为(5°~8°)+φ，背进刀方向为(5°~8°)-φ。刀尖宽度等于牙型槽宽 W 减去0.05mm。为保证两侧切削刃切削顺利，在两侧磨有较大的前角（$\gamma_0 = 10° \sim 20°$）的卷屑槽。车削时，车刀前端的切削刃不能参与切削，只能精车牙侧。

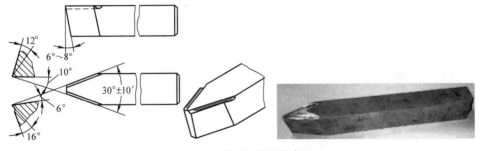

▲ 高速钢梯形外螺纹精车刀

2. 硬质合金梯形外螺纹车刀

为了提高效率，在车削一般精度的梯形螺纹时，可采用普通硬质合金梯形螺纹车刀进行高速车削。但由于其径向前角 $\gamma_0 = 0°$，刀尖角等于牙型角，即30°。径向后角取5°~6°，两侧后角进刀方向为(3°~5°)+φ，背进刀方向为(3°~5°)-φ。高速车削螺纹时，由于三个切削刃同时切削，切削力较大，易引起振动；并且当刀具前面为平面时，切屑呈带状排出，操作很不安全。因此，可在前面上磨出两个 R7mm 的圆弧，这样就使径向前、后角增大，切削轻快，不易引起振动，同时切屑会呈球状排出，可保证安全，清除切屑也很方便。

3. 弹簧梯形外螺纹车刀

车精度较低或是粗车梯形螺纹时，常用弹簧梯形外螺纹车刀，以减小振动并获得较小的表面粗糙度值。当采用法向装刀时，可用调节式弹簧车刀，这样装刀很是方便。

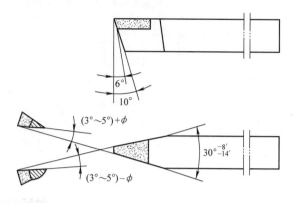

▲ 硬质合金梯形外螺纹车刀

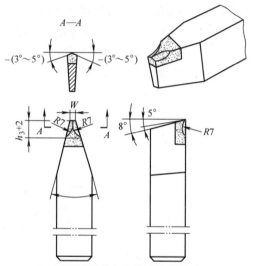

▲ 双圆弧硬质合金梯形外螺纹车刀

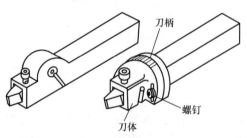

▲ 弹簧梯形外螺纹车刀

4. 梯形内螺纹车刀

梯形内螺纹车刀与普通内螺纹车刀基本相同，只是刀尖角等于 30°。为了增加刀头强度，减小振动，梯形内螺纹车刀的前面应适当磨得低一些。

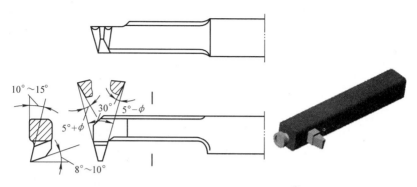

▲ 梯形内螺纹车刀

5.3.2　梯形螺纹车刀的刃磨要求与方法

1. 刃磨要求

梯形螺纹车刀的主要参数是螺纹的牙型角和牙底槽宽度。刃磨的方法与普通螺纹车刀基本相同。其刃磨要求为：

1）刃磨螺纹车刀两刃夹角时，应随时目测和用样板检测。

2）径向前角不等于0°的螺纹车刀，两刃夹角应进行修正。

3）螺纹车刀各切削刃要光滑、平直、无裂口，两侧切削刃应对称，刀体不能歪斜。

4）梯形内螺纹车刀两侧切削刃对称线应垂直于刀柄。

2. 刃磨方法

梯形螺纹车刀的刃磨方法

▼ 梯形螺纹车刀的刃磨方法

① 粗磨左侧后面	② 粗磨右侧后面
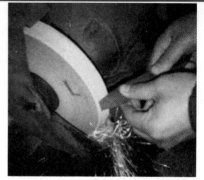	
▲ 双手握刀，使刀柄与砂轮外圆水平方向成15°夹角、垂直方向倾斜8°~10°。车刀与砂轮接触后稍加压力，并均匀慢慢移动磨出后面，即磨出牙型半角及左侧后角	▲ 双手握刀，使刀柄与砂轮外圆水平方向成15°夹角、垂直方向倾斜8°~10°，控制刀尖角 ε_r 及后角 α_o。方法同粗磨左侧后面

（续）

③ 粗、精磨前面

▲ 使车刀前面与砂轮水平面方向成3°左右，粗、精磨前面或径向前角

④ 精磨后面

▲ 精磨两侧后面，控制刀尖角和刀尖宽度，刀尖角用样板检测修正

（续）

⑤ 研磨

▲ 用磨石精研各刀面和刃口，保证车刀切削刃平直、刃口光洁

 提示：

　　1）刃磨两侧后角时，要注意螺纹的左右旋向，并根据螺旋升角φ的大小来确定两侧后角的增减。

　　2）梯形内螺纹车刀的刀尖角平分线应与刀柄垂直。

　　3）刃磨高速钢梯形螺纹车刀时，应随时用水冷却，以防车刀因过热而退火，降低切削性能。

　　4）螺距小的梯形螺纹精车刀不便刃磨断屑槽时，可采用较小径向前角的梯形螺纹精车刀。

5.4　普通螺纹的车削

5.4.1　车床的调整

1. 丝杠间隙的调整

　　CA6140 型车床中滑板丝杠经过长时间使用后，由于磨损从而造成丝杠与螺母的间隙，使得手柄与高度盘正、反转时空行程量加大，同时也会使得中滑板在螺纹车削时前后往复窜动，因而应在螺纹车削前进行适当的调整。

　　调整时，先松开前螺母上的内六角螺钉，然后一边正、反转摇动中滑板手柄，一边缓慢交替拧紧中间内六角螺钉和前螺母上的内六角螺钉，直到手柄正、反转空行程量约处于20°范围内时，将前、后内六角螺钉拧紧，中间内六角螺钉手感拧紧即可。

2. 刻度盘松紧的调整

中滑板刻度盘松紧不适当时，刻度盘不能跟随圆盘一起同步转动，造成未进刀的假象，因而极易发生事故。调整时，先将锁紧螺母和调节螺母松开，抽出圆盘和圆盘中的弹簧片，如果刻度盘与圆盘连接太松，则适当增加弹簧的弯曲程度；如果太紧，则减小弯曲程度，使其弹力减小一些，然后再安装，并拧紧调节螺母，待刻度盘在圆盘上转动的松紧程度适宜时，再将锁紧螺母锁紧。

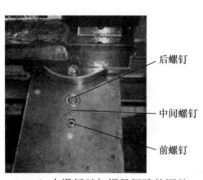

后螺钉

中间螺钉

前螺钉

▲ 中滑板丝杠螺母间隙的调整

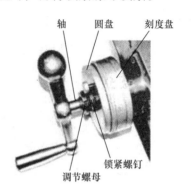

轴　圆盘　刻度盘

锁紧螺钉

调节螺母

▲ 中滑板刻度盘的调整

3. 车床长丝杠轴向间隙的调整

车床长丝杠的轴向间隙是导致长丝杠轴向窜动的主要原因，如果不加以适当的调整，车螺母时就会产生"窜刀""啃刀""扎刀"等不良现象，从而影响螺纹的加工精度。调整时，可适当拧紧圆螺母，测量的长丝杠轴向窜动值应在 0.01mm 范围内，然后再将两个圆螺母拧紧。

长丝杠

圆螺母

▲ 车床长丝杠轴向间隙的调整

4. 进给箱手柄与交换齿轮的调整

调整进给箱手柄与交换齿轮时，一般只要按车床进给箱铭牌上标注的数据变换箱外手柄的位置，并配合齿轮箱内的交换齿轮就可以得到所需要的螺距（或导程）。

练一练：　车削螺距 $P = 2$mm 的螺纹，调整车床的步骤与方法为：

1）在主轴箱外将螺纹旋向变换手柄放在"右旋螺纹"位置。

2）根据加工需要查找铭牌。

3）根据铭牌指示调换交换齿轮。

4）查找螺距，找出手柄所需调整的位置，螺距 P 为 2mm 时，螺纹种类手柄处于"t"；进给基本操作组手柄处于"1"；进给倍增组手柄处于"Ⅱ"。

5）根据位置将各手柄调整到位。

▲ 螺纹旋向变换手柄的调整

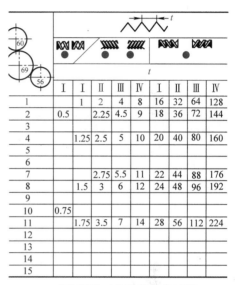

		Ⅰ	Ⅰ	Ⅱ	Ⅲ	Ⅳ	Ⅰ	Ⅱ	Ⅲ	Ⅳ
1			1	2	4	8	16	32	64	128
2	0.5			2.25	4.5	9	18	36	72	144
3										
4			1.25	2.5	5	10	20	40	80	160
5										
6										
7				2.75	5.5	11	22	44	88	176
8			1.5	3	6	12	24	48	96	192
9										
10	0.75									
11			1.75	3.5	7	14	28	56	112	224
12										
13										
14										
15										

▲ 车削螺纹时铭牌的查找区域

a) 螺纹种类手柄的调整

b) 进给基本操作组手柄的调整

c) 进给倍增组手柄的调整

▲ 进给箱各手柄的调整

5.4.2　尺寸计算与切削用量的选择

1. 普通螺纹基本尺寸的计算

普通螺纹的基本牙型如下图所示，尺寸计算公式参见下表。

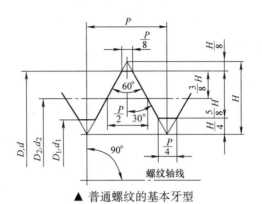

▲ 普通螺纹的基本牙型

▼ 普通螺纹的尺寸计算 （单位：mm）

基本参数	代号		计算公式
	外螺纹	内螺纹	
牙型角	α		$\alpha = 60°$
螺纹大径（公称直径）	d	D	$d = D$
螺纹中径	d_2	D_2	$d_2 = D_2 = d - 0.6495P$
牙型高度	h_1		$h_1 = 0.5413P$
原始三角形高度	H		$H = 0.866P$
螺纹小径	d_1	D_1	$d_1 = D_1 = d - 1.0825P$

2. 螺纹大径尺寸的确定

在车削普通外螺纹时，由于受车刀挤压后会使外螺纹大径尺寸变大。当螺距为 $1.5 \sim 3.5mm$ 时，车削螺纹前的外径一般可以减小 $0.2 \sim 0.4mm$。

在车削内螺纹时，可先钻底孔。同样由于切削的挤压作用，内孔直径会缩小（塑性金属较明显），所以车削前螺纹底孔要略大于小径，一般可按下式计算：

车塑性金属时 $\qquad\qquad D_{孔} = D - P$

车脆性金属时 $\qquad\qquad D_{孔} = D - 1.05P$

式中 D——大径（mm）；

$\qquad P$——螺距（mm）。

3. 车削普通螺纹时切削用量的选择

车削普通螺纹时切削用量的推荐值见下表。

▼ 车削普通螺纹时切削用量的推荐值

工件材料	刀具材料	螺距/mm	切削速度 v_c/（m/min）	背吃刀量 a_p/mm
45 钢	P10	2	$60 \sim 90$	$2 \sim 3$
45 钢	W18Cr4V	1.5	粗车：$15 \sim 30$	粗车：$0.15 \sim 0.30$
			精车：$5 \sim 7$	精车：$0.05 \sim 0.08$
铸铁	K20	2	粗车：$15 \sim 30$	粗车：$0.20 \sim 0.40$
			精车：$15 \sim 20$	精车：$0.05 \sim 0.10$

5.4.3　普通螺纹的车削

1. 螺纹车刀的安装

车螺纹时，为了保证牙型角正确，对装刀提出了严格的要求。

▼ 螺纹车刀的安装方法与要求

车刀种类	安装方法与要求	图　示	
外螺纹车刀	1. 螺纹车刀刀尖应与车床主轴轴线等高，一般可根据尾座顶尖高低调整和检查 2. 螺纹车刀的两刀尖半角的对称中心线应与工件轴线垂直，装刀时可用对刀样板调整。如果把车刀装歪了，会使车出的螺纹两牙型半角不相等，产生倒牙 3. 螺纹车刀伸出不宜过长，一般伸出长度为 25~30mm	装刀	
		歪斜	$<\dfrac{\alpha}{2}$ $>\dfrac{\alpha}{2}$
内螺纹车刀	1. 刀柄伸出长度应大于内螺纹长度 10~20mm 2. 调整车刀的高低，使刀尖对准工件的回转中心，并轻轻压住 3. 将螺纹对刀样板侧面靠平工件端面，刀尖部分进入样板的槽内进行对刀，调整并夹紧车刀 4. 装夹好的螺纹车刀应在底孔内手动试车一次，防止刀柄与内孔相碰从而影响车削	装刀	
		检查	

提示：　　　装夹内螺纹车刀时要保证车刀刀尖角与刀柄垂直，否则车削时刀柄会与内孔相碰。

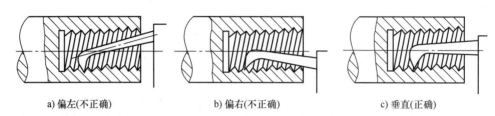

a) 偏左(不正确)   b) 偏右(不正确)   c) 垂直(正确)

▲ 车刀刀尖与刀柄位置关系

2. 普通螺纹的车削方法

普通螺纹的车削方法有低速车削和高速车削两种。低速车削时，使用高速钢螺纹车刀，并分别用粗车刀和精车刀对螺纹进行粗车和精车。低速车削螺纹的精度高、表面粗糙度值小，但效率低。高速车削普通螺纹时，使用硬质合金车刀，切削速度可比低速车削螺纹提高 15 ~ 20 倍，而且行程次数可以减少 2/3 以上。需要注意的是：车削螺纹必须要在一定的进给次数内完成。以下两表分别列出了低速和高速车削螺纹时的进刀次数，供参考。

▼ **低速车削普通螺纹时的进刀次数**

进刀次数	M16（P=2mm）			M20（P=2.5mm）			M24（P=3mm）		
	中滑板进刀格数	小滑板进刀格数		中滑板进刀格数	小滑板进刀格数		中滑板进刀格数	小滑板进刀格数	
		左	右		左	右		左	右
1	10	0		11	0		11	0	
2	6	3		7	3		7	3	
3	4	2		5	3		5	3	
4	2	2		3	2		4	2	
5	1	0.5		2	1		3	2	
6	1	0.5		1	1		3	1	
7	0.25	0.5		1	0		2	1	
8	0.25		2.5	0.5	0.5		1	0.5	
9	0.5		0.5	0.25	0.5		0.5	1	
10	0.5		0.5	0.25		3	0.5	0	
11	0.25		0.5	0.5		0	0.25	0.5	
12	0.25		0	0.5		0.5	0.25	0.5	
13				0.25		0.5	0.5		3
14				0.25		0	0.5		0
15	螺纹深度=1.3mm, n=26格			螺纹深度=1.625mm, n=32.5格			0.25		0.5
16							0.25		0
							螺纹深度=1.95mm, n=39格		

▼ 高速车削普通螺纹时的进刀次数

螺距 P/mm		1.5 ~ 2	3	4	5	6
进刀次数	粗车	2 ~ 3	3 ~ 4	4 ~ 5	5 ~ 6	6 ~ 7
	精车	1	22	2	2	2

低速车削螺纹时，可采用直进法、斜进法和左右切削法；高速车削螺纹时，为了防止切屑使牙侧起毛刺，不宜采用斜进法和左右切削法，只能用直进法车削。

▼ 低速和高速车削普通螺纹时的进刀方法

车削方法	进刀方法	图示		车削方法特点说明	适 用 场 合
		进刀图示	加工性质		
低速车削	直进法	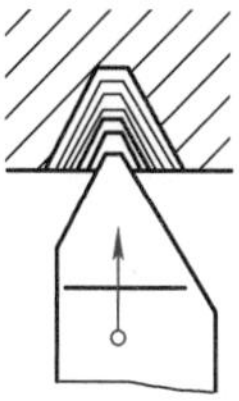	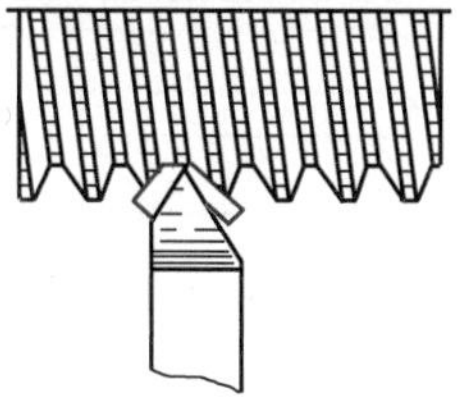 双面切削	车削时只用中滑板横向进给（车削时容易产生扎刀现象，但能够获得正确的牙型角）	车削 $P <$ 2.5mm 的普通螺纹
	斜进法	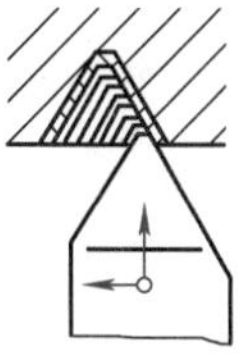	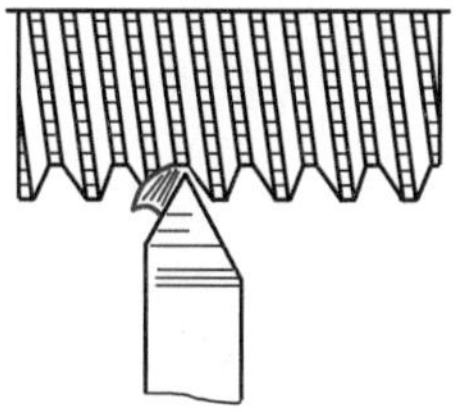	在每次往复行程后，除中滑板横向进给外，小滑板只向一个方向作微量进给（不易产生扎刀现象，但用此方法粗车后，必须用左右切削法精车）	车削 $P >$ 2.5mm 的普通螺纹
	左右切削法	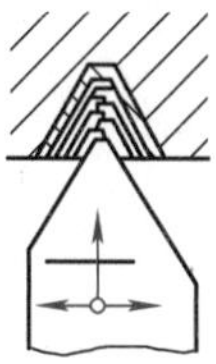	单面切削	除中滑板作横向进给外，同时用小滑板将车刀向左或向右作微量进给（不易产生扎刀现象，但小滑板的左右移动量不能过大）	
高速车削	直进法	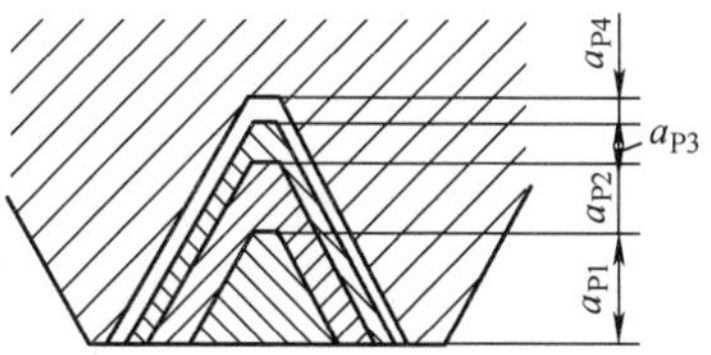 a_{P4} a_{P3} a_{P2} a_{P1}		切削速度 $v_c = 50 \sim$ 100m/min，车削螺距 $P = 1.5 \sim 3$mm 的中碳钢螺纹时，一般只需 $3 \sim 5$ 次切削就可以完成。切削开始时，背吃刀量应大些，以后逐次减小，但最后一次切削的背吃刀量应不小于0.1mm	

1）在车削过程中，若要更换车刀，换刀后必须进行动态对刀（中途对刀），其方法为：换刀后装正车刀角度并使刀尖对正工件中心，将车刀退出螺纹加工表面；然后起动车床，按下开合螺母，进行空走刀（无切削状态），待车刀移至加工区域时立即停车；再移动中、小滑板，使车刀刀尖对准螺旋槽中间；再起动车床，观察车刀刀尖在螺旋槽内的情况，根据情况，再次调整中、小滑板，确保车刀刀尖与螺旋槽对准。

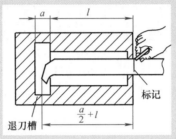

▲ 车削不通孔和台阶孔内螺纹时刀柄的退刀记号

2）在车削不通孔和台阶孔内螺纹前，应根据螺纹长度加上1/2槽宽的距离在刀柄上做好记号，作为退刀之用。

3）车削内螺纹过程中，当工件旋转时，不可用手摸，更不能用棉纱擦拭或清除切屑，以免发生事故。

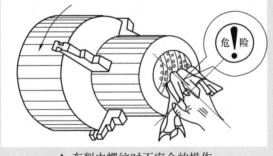

▲ 车削内螺纹时不安全的操作

3. 螺纹的检测

车削螺纹时，应根据不同的质量要求和生产批量的大小，相应地选择不同的检测方法。常见的检测方法有单项检测法和综合检测法两种。

▼ 螺纹的检测

检测方法		检测说明	图　示
单项检测法	大径的检测	螺纹大径一般用游标卡尺或外径千分尺检测	
	螺距的检测	用钢直尺、游标卡尺或螺纹样板对螺距（或导程）进行检测	用钢直尺检测螺距 用螺纹样板检测螺距
	中径的检测	用螺纹千分尺检测螺纹中径。螺纹千分尺有 60° 和 55° 两套适用于不同牙型角和不同螺距的测量头。测量头可以根据测量的需要进行选择，然后分别插入螺纹千分尺的测杆和砧座的孔内	

（续）

检测方法	检测说明	图　示
综合检测法	综合检测法是指用螺纹量规对螺纹各基本要素进行综合性检测。它们分别有通规和止规，如果通规难以拧入，应对螺纹的各直径尺寸、牙型角、牙型半角和螺距等进行检测，经修正后再用通规检验。当通规全部拧入，止规不能拧入时，说明螺纹各基本要素符合要求	

练一练：　　按要求完成下图所示普通螺纹的车削。

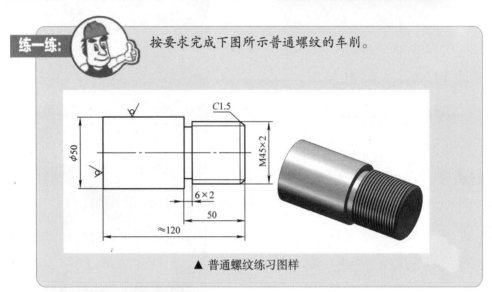

▲ 普通螺纹练习图样

普通螺纹练习件加工的步骤见下表。

▼ 普通螺纹练习件加工的步骤

① 工件装夹	② 车螺纹大径
   ▲ 用自定心卡盘装夹工件，保证伸出长度为65~70mm，找正并夹紧	 ▲ 车平端面；粗、精车外圆（螺纹大径）至ϕ44.8mm、长50mm至尺寸要求

（续）

③ 车槽	④ 倒角

▲ 选用刀宽为 4mm 的车槽刀分两次车出 6mm ×2mm 槽	▲ 用 45°车刀对端面外圆倒角 C1.5
⑤ 装刀	⑥ 试车削

▲ 采用样板装刀，将螺纹车刀装夹在刀架上	▲ 按图样要求调整车床后，进行试车削，并停车用游标卡尺检查螺距是否正确

⑦ 车螺纹

▲ 采用倒顺车的方法粗、精车螺纹 M45×2 至要求

5.5 梯形螺纹的车削

5.5.1 梯形螺纹车削的工艺准备

1. 梯形螺纹基本尺寸的计算

要正确车削梯形螺纹，首先要掌握它的基本结构和相关参数，下图所示为梯形螺纹的牙型图，其基本要素的计算公式见下表。

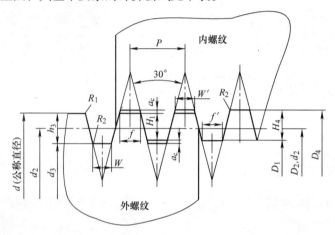

▲ 梯形螺纹牙型图

▼ 梯形螺纹基本要素计算公式

名称		代号	计 算 公 式			
牙型角		α	$\alpha = 30°$			
螺距		P	由螺纹标准确定			
牙顶间隙		a_c	P/mm	$1.5 \sim 5$	$6 \sim 12$	$14 \sim 44$
			a_c/mm	0.25	0.5	1
外螺纹	大径	d	公称直径			
	中径	d_2	$d_2 = d - 0.5P$			
	小径	d_3	$d_3 = d - 2h_3$			
	牙高	h_3	$h_3 = 0.5P + a_c$			
内螺纹	大径	D_4	$D_4 = d + 2a_c$			
	中径	D_2	$D_2 = d_2$			
	小径	D_1	$D_1 = d - P$			
	牙高	H_4	$H_4 = h_3$			
牙顶宽		f、f'	f、$f' = 0.366P$			
牙槽底宽		W、W'	$W = W' = 0.336P - 0.536a_c$			

2. 工件的装夹要求

车削梯形螺纹时，切削力较大，工件一般宜采用一夹一顶方式装夹，以保证装夹牢固。此外，应采用限位台阶或限位支撑固定工件的轴向位置，以防车削中工件轴向窜动或移位而造成乱牙或撞坏车刀。

▲ 车梯形螺纹时工件的装夹方式

3. 车床的调整

（1）小滑板的调整　车削梯形螺纹时，除了应像车普通螺纹那样调整好中滑板丝杠间隙、刻度盘松紧、长丝杠轴向间隙外，还应将小滑板下面的转盘螺母锁紧。同时，还应调整好小滑板镶条的松紧。

▲ 锁紧转盘螺母

▲ 调整镶条

（2）进给箱手柄与交换齿轮的调整　进给箱手柄与交换齿轮的调整与车普通螺纹时一样。

练一练：

车削螺距 P =6mm 的梯形螺纹。

从铭牌中可以看出，螺纹旋向变换手柄应放在"右旋螺纹"位置；螺纹种类手柄处于"t"位置；进给基本操作组手柄处于"8"位置；进给倍增组手柄处于"Ⅲ"位置。

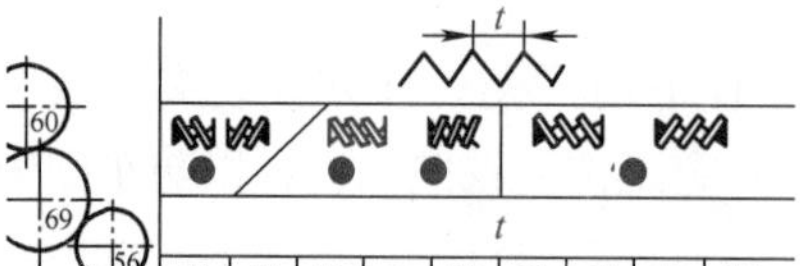

		I	II	III	IV	I	II	III	IV
1		1	2	4	8	16	32	64	128
2	0.5		2.25	4.5	9	18	36	72	144
3									
4		1.25	2.5	5	10	20	40	80	160
5									
6									
7			2.75	5.5	11	22	44	88	136
8		1.5	3	6	12	24	48	96	192
9									
10	0.75								
11		1.75	3.5	7	14	18	56	112	224
12									
13									
14									
15									

▲ 车削梯形螺纹时铭牌的查找区域　　　　▲ 螺纹旋向变换手柄的位置

▲ 螺纹种类手柄的调整　　▲ 进给基本操作组手柄的调整　　▲ 进给倍增组手柄的调整

5.5.2 梯形螺纹的车削要求与方法

1. 梯形螺纹车削的技术要求

梯形螺纹的一般车削技术要求如下：

1）梯形螺纹的中径必须与基准轴颈同轴，其大径尺寸应小于公称尺寸。

2）梯形螺纹的配合以中径定心，因此车削梯形螺纹时必须保证中径尺寸的公差。

3）梯形螺纹的牙型角要正确。

4）梯形螺纹牙型两侧面的表面粗糙度值要小。

2. 梯形螺纹车刀的装夹

梯形螺纹车刀的装夹应满足：

1）螺纹车刀刀尖应与工件轴线等高。弹性螺纹车刀由于车削时受进给力的作用会被压低，所以刀尖应高于工件轴线 0.2 ~ 0.5mm。

2）为了保证梯形螺纹车刀两刃夹角中线垂直于工件轴线，当梯形螺纹车刀在基面内安装时，可以用对刀样板进行对刀。若以刀柄左侧面为定位基准，在工具磨床上刃磨的梯形螺纹精车刀，装刀时可用百分表找正刀柄侧面位置以控制车刀在基面内的装刀偏差。

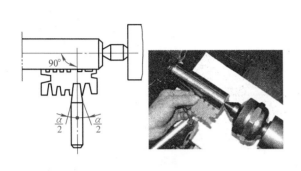

▲ 用对刀样板装刀

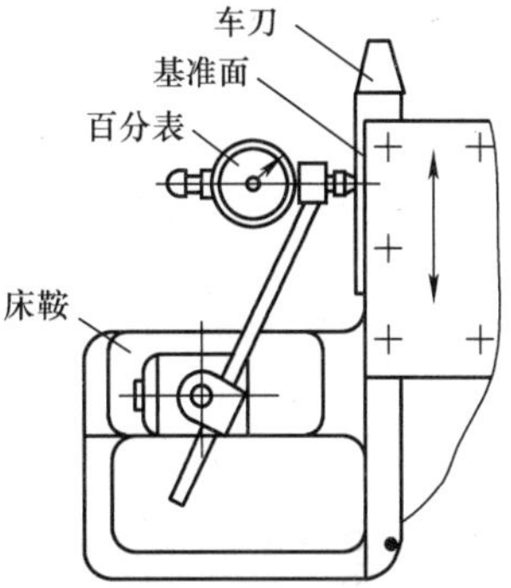

▲ 用百分表找正刀柄侧面位置

3. 梯形螺纹车削方法

梯形螺纹有低速车削和高速车削两种方法，其进刀方式见下表。

▼ 低速车削和高速车削梯形螺纹时的进刀方法

车削方法	进刀方法	图示	车削方法说明	适用场合
低速车削	左右车削法	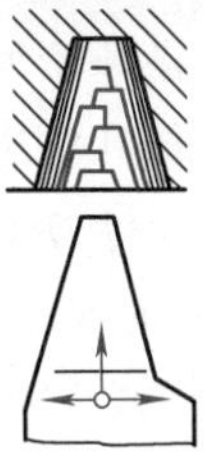	在每次横向进给时，都必须使车刀向左或向右作微量移动，很不方便。但是可防止因三个切削刃同时参加切削而产生振动和扎刀现象	车削 $P \leqslant$ 8mm 的梯形螺纹
	车直槽法	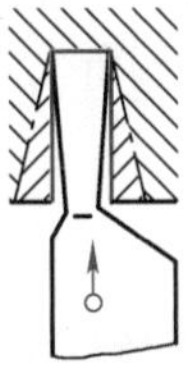	可先用主切削刃宽度等于牙槽底宽 W 的矩形螺纹车刀车出螺旋直槽，使槽底直径等于梯形螺纹的小径。然后用梯形螺纹精车刀精车牙型两侧	
	车阶梯槽法	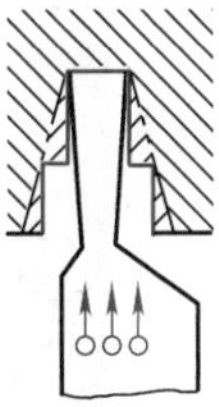	可用主切削刃宽度小于 $P/2$ 的矩形螺纹车刀，用车直槽法车至接近螺纹中径处，再用主切削刃宽度等于牙槽底宽 W 的矩形螺纹车刀把槽深车至接近螺纹牙高 h_3，这样就车出了一个阶梯槽。然后用梯形螺纹精车刀精车牙型两侧	精车 $P >$ 8mm 的梯形螺纹

（续）

车削方法	进刀方法	图示	车削方法说明	适用场合
高速车削	直进法		可用双圆弧硬质合金梯形外螺纹车刀粗车，再用硬质合金梯形螺纹车刀精车	车削 $P \leqslant$ 8mm 的梯形螺纹
	车直槽法和车阶梯槽法	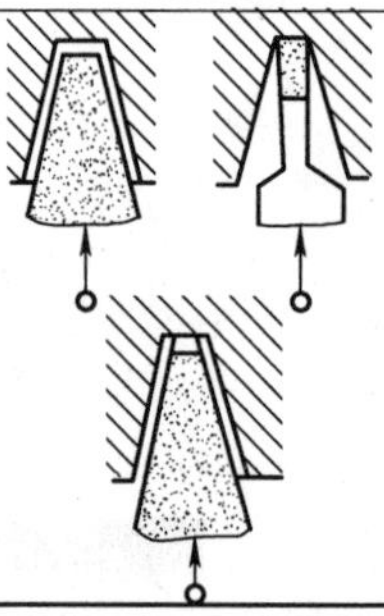	为了防止振动，可用硬质合金车槽刀，采用车直槽法和车阶梯槽法进行粗车，然后用硬质合金梯形螺纹车刀精车	精车 $P >$ 8mm 的梯形螺纹

提示：　　在车削梯形内螺纹时，应车出内螺纹对刀基准。即在端面上车一个轴向深度为 1~2mm、孔径等于螺纹公称尺寸的内台阶孔。采用斜进法粗车内螺纹，车刀刀尖与对刀基准间应保证有 0.1~0.15mm 的间隙。另外在内螺纹车好后，可通过倒内孔角去除对刀基准的台阶，如果长度允许，可把台阶车去后再倒角。

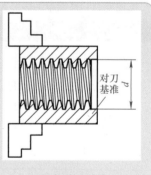

▲ 车对刀基准

4. 梯形螺纹的检测

▼ **梯形螺纹的检测**

检测项目	说明	图示
牙型角的检测	可用游标万能角度尺来测量	

（续）

检测项目		说　明	图　　示
中径的检测	三针测量螺纹中径	用三针测量螺纹中径是一种比较精密的测量方法。测量时将三根量针放置在螺纹两侧相对应的螺旋槽内，用千分尺量出两边量针顶点之间的距离 M。根据 M 的值可以计算出螺纹中径的实际尺寸。测量时所用的三根直径相等的圆柱形量针，是由量具厂专门制造的（选用量针时，应尽量接近最佳值，以便获得较高的测量精度）	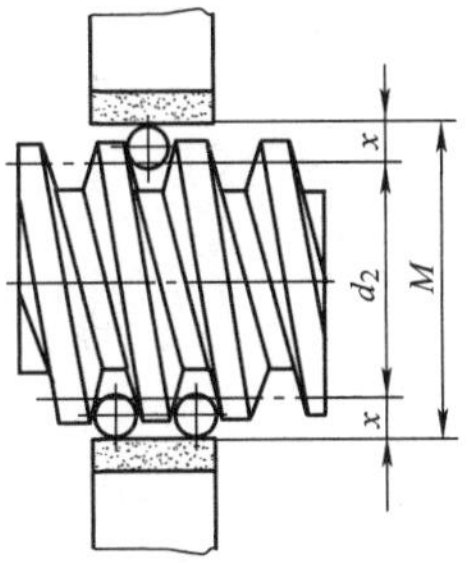
	单针测量螺纹中径	这种方法比三针测量法简单。测量时只需使用一根针，另一侧利用螺纹大径作基准，在测量前应先量出螺纹大径的实际尺寸，其原理与三针测量法相同。单针测量时，千分尺得的读数值可按下式计算 $$A = \frac{M + d_0}{2}$$ 式中　d_0——螺纹大径的实际尺寸（mm）； 　　　M——用三针测量时千分尺的读数（mm）	

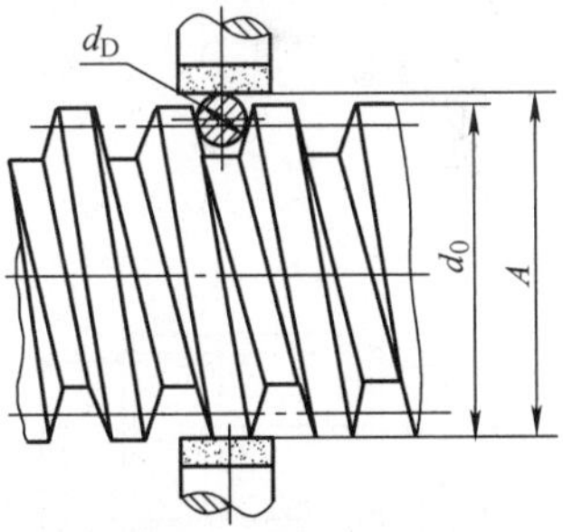

▼ 量针直径的选择与计算

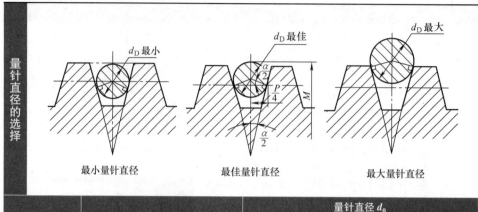

牙型角 α	M 值的计算公式	量针直径 d_0		
		最大值	最佳值	最小值
30°	$M = d_2 + 4.864d_D - 1.866P$	0.656P	0.518P	0.486P

练一练: 按要求完成下图所示梯形螺纹的车削。

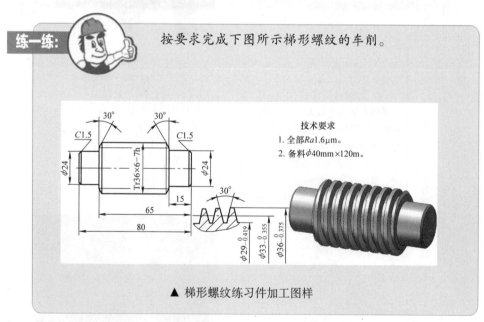

▲ 梯形螺纹练习件加工图样

梯形螺纹练习件加工的步骤见下表。

▼ 梯形螺纹练习件加工的步骤

① 车定位台阶	② 钻中心孔

▲ 夹住工件一端，伸出 50mm 左右，找正夹紧；车端面（车平即可）；车 ϕ30mm × 25mm 的夹持部位

▲ 调头装夹 ϕ30mm 外圆部分，找正夹紧；车端面并钻中心孔

③ 车外圆	④ 车槽

▲ 用一夹一顶方式装夹工件，粗车梯形螺纹大径 ϕ36.5mm × 65mm 和台阶外圆 ϕ24mm × 15mm 至图样要求尺寸

▲ 粗、精车螺纹退刀槽 ϕ24mm × 15mm，控制长度尺寸 65mm

⑤ 倒角	⑥ 车梯形螺纹

▲ 两端倒角 30° 和 $C1.5$

▲ 粗车梯形螺纹 Tr36 × 6—7h，螺纹小径车至 $\phi 29_{-0.419}^{\ \ 0}$mm，螺纹牙型两侧留 0.2mm 的精车余量

173

（续）

⑦ 精车螺纹大径	⑧ 精车螺纹

▲ 提起开合螺纹，换 90° 车刀精车梯形螺纹大径 $\phi36_{-0.375}^{\ 0}$ mm 至尺寸要求	▲ 精车螺纹两牙侧面，用三针测量法测量，并根据测量情况控制螺纹中径尺寸至 $\phi33_{-0.0355}^{\ 0}$ mm

⑨ 切断

▲ 用切断刀切断工件，用双手控制倒角 $C1.5$，并控制总长 80mm

参 考 文 献

[1] 王兵．图解车工基本操作技能 [M]．北京：化学工业出版社，2010.

[2] 王兵．车工技能图解 [M]．北京：电子工业出版社，2010.

[3] 王兵．车工技能实训 [M]．2 版．北京：人民邮电出版社，2011.

[4] 王兵．看图学车刃磨 [M]．上海：上海科学技术出版社，2010.

[5] 劳动和社会保障部教材办公室．车工工艺学 [M]．4 版．北京：中国劳动社会保障出版社，2007.